给这一瞬间正在不安的你

英国约克大学心理学博士 黄扬名——著
科普作家 张琳琳——著

武汉大学出版社
WUHAN UNIVERSITY PRESS

序

尽其在我，
从紧绷到佛系的人生体悟

黄扬名

每个人在人生的不同阶段，或多或少都有一些不顺遂的事。在念书的时候，可能会因为考试分数不理想而感到懊恼；在进入职场后，则可能因为升迁不顺，或是工作上不能发挥自己的才干。为什么我们会觉得有些人看起来特别倒霉，有些人则特别幸运呢？

关键就在于，到底大家用什么样的态度，来面对生活中的顺境和逆境。如果很重视自己得到了什么，比较计较哪些权益受到了损害，那么你可能会觉得自己怎么那么倒霉，常常错过了好机会。相对地，如果你习惯性地做好自己的本分，对于任何分外的获得，都不强求，反而会觉得生活中惊喜不断，感觉自己特别幸运。

大家不要看我现在很佛系，对于很多事情相当随缘，不强求。其实我曾经是一个很紧绷的人。记得小学一年级时，只要晚上8点还没有就寝，我就会感到很紧张，怕自己第二天上学会迟到。我也曾因为在新闻中知道鸽子会传染一些疾病，只要看到鸽子就躲得远远的。由于对太多事情都斤斤计较，而且有很强的得失心，所以那时日子过得很焦虑。

但是在经历了一些人生的小插曲之后（大家在书中会陆续看到这些事件），我渐渐体悟到，我们能做的，就是尽力做好自己能够使上力的部分，这样就是一种圆满了。至于，到底努力会不会换来成功，那就要看缘分了。很多时候，得到了，不一定就是好；没有得到，不一定就是不好。

过度在意得到与失去，只会增加自己的焦虑感，对自己根本没有好处。但是，要完全看淡得失，也真的不是一件容易的事，毕竟社会上有太多的规则、潜规则，都跟得失有关系，你也可以说，我们都被这些看重得失的制度所制约了。

我花了30多年的时间，才体悟到这样的道理，对平均寿命接近80岁的现代人来说，我觉得还不算太晚。但我总会想，如果有人可以在我更年轻的时候，就用我能够接受的方式告诉我这些，或许我的人生又会有不少的转变。

所以，这次我结合自己的生活经验，以及众多心理学领域的发现，写了这本书，希望能够让在人生不同阶段的你，都因此受惠，可以提早过一个不焦虑的人生。

目 录

PART 1 情绪焦虑

一个快乐的人,很少进入焦虑的状态;一个难过的人,相较之则更容易焦虑。为什么情绪会对焦虑造成影响呢?让我们一起来探索这背后的缘由吧!

Section 1　焦虑这种时代病,该如何对抗? / 2

Section 2　我不够好,这是真的吗? / 14

Section 3　为什么你总是不能放过自己? / 24

Section 4　情绪是什么?你知道的可能都是错的! / 35

Section 5　每种来烦你的情绪,都意味着一次自我提升 / 46

Section 6　如何才能成为情绪稳定的成年人? / 56

PART 2 选择焦虑

我们总是担心自己做了不好的选择，如果可以理性一点，多考虑一点，或许就不会后悔了。但是会不会真正的关键在于，你怎么看待选择的后果，而不是选择本身呢？

Section 7　　如何在复杂体系中做出最佳选择？ / 68

Section 8　　如何在不确定性中练就决断力？ / 79

Section 9　　如何让自己想到又做到？ / 91

Section 10　　感到迷茫沮丧时，应该怎么办？ / 103

Section 11　　偏见和谬误如何欺骗了你？ / 114

Section 12　　决策失误感到后悔，怎么办？ / 125

PART 3 成长焦虑

你是真的自己想要变得更好,还是因为别人的期待,才会努力让自己长大的呢?没有人能决定你该变成什么样子,只要你满意自己现在的样子,你就不会感到焦虑。

Section 13　什么年龄该做什么事?不,你要活在"个人时钟"里 / 136

Section 14　你离找到真实的自己还有多远? / 146

Section 15　撕下标签,你的人生你说了算 / 157

Section 16　内向的人,该怎么活在人人皆主播的年代? / 168

Section 17　别用无效的努力掩盖你的懒惰 / 179

Section 18　如何面对人生的重重困境? / 189

PART 4　职业焦虑

每个人对自己的工作都有诸多期许，但在行业竞争异常激烈的今天，有很多人的工作常态是压力过大、迷茫倦怠，想辞职又不敢。该如何应对职场中的这些焦虑呢？

Section 19　人生告急，你欠自己一份职业设计 / 202

Section 20　面向未来，创造工作而非寻找工作 / 212

Section 21　不想工作，如何拯救职业疲劳？ / 222

Section 22　远离职场"丧星人"，做好能量管理 / 233

Section 23　所谓捷径，是在自己擅长的领域做到极致 / 245

Section 24　如何保持工作与生活的平衡？ / 254

PART 5 关系焦虑

人是群居动物,从来到这个世界开始,就进入了关系的网,需要处理和同事、家庭、朋友、伴侣等各种各样的人际关系。最后一部分我们就来一一探讨这几种关系焦虑。

Section 25 　无论结婚还是单身,幸福都不依赖别人 / 266

Section 26 　如何收获更有质量的亲密关系? / 276

Section 27 　上有老,下有小,如何跨世代顺畅沟通? / 287

Section 28 　成年人的友谊应该如何维系? / 299

Section 29 　如何在社会比较中优雅胜出? / 311

Section 30 　学会跟自己好好相处 / 321

后记　告别焦虑,迎向幸福 / 332

PART 1

情绪焦虑

一个快乐的人,很少进入焦虑的状态;一个难过的人,相较之则更容易焦虑。为什么情绪会对焦虑造成影响呢?让我们一起来探索这背后的缘由吧!

Section 1

焦虑这种时代病,该如何对抗?

问你一个问题,你觉得焦虑有用还是无用?

你可能会说:"那还用问,焦虑让人寝食难安,担惊受怕,如果有可能,那我希望自己永远都能无忧无虑。"

没错,焦虑的滋味是不太好受,但它并不一定没有用处。作为人类进化过程中的一种基本情绪,焦虑既有积极影响,也有消极影响,关键是我们如何发挥焦虑的积极影响,同时有效管控无用焦虑,避免消极影响。

首先,我们来看看焦虑有哪些好处,它是如何发挥作用的。

由于生物进化,焦虑作为一种保护我们的安全机制,已经与我们共存了几百万年。某种程度上,我们需要它。哲学家海德格尔(Martin Heidegger)说过:"为了在这个世界上生存,我们需要焦虑。"在他看来,每天早上起床,送孩子去学校,上班,和同事交往……这些事情占据了我们所有的时间和精力。海德格尔将这种占据称为"陷落"。简单来说,就是我们沉迷于日常事务,忽视或停止了寻找生命真正的意义。当焦虑发作时,我们被迫更多地感知自我,而让自己有机会重新思考过去。

若要换个心理学的词来形容海德格尔所说的"陷落",那就是"舒适区"(comfort zone)——一个人最熟悉且待着最舒服的地方。但如果一直都待在舒适区内,我们就永远无法进步;而焦虑能帮你打破舒适区,让你有机会跨出去。

1908年，心理学家耶克斯（R. M. Yerkes）和多德森（J. D. Dodson）曾做过一个著名的实验，他们训练老鼠做一个任务，如果老鼠能正确完成，就不会被电击；一旦老鼠做错了，就会遭到电击。他们使用了不同强度的电击，结果发现中等强度的电击能让老鼠最快学会这个任务。于是，两位心理学家用一个倒U形曲线来表示刺激和行为表现之间的关系。后来这个倒U形曲线被广泛应用到很多研究，如面对压力、焦虑等。

以焦虑为例，当一个人的焦虑水平很低时，表现水平也低（这很好理解，比如你马上就要考试了，你却一点也不紧张，那么可能会考不好）。在一定程度内，当压力和焦虑不断增大时，表现水平会越来越好，在某个特定的焦虑水准上，能够做出最佳表现（这也不难理解，当你有一定的压力，你就会认真准备，适度的压力能够让你取得更好的效果）。如果焦虑超过这个最佳水平的话，将会因为压力过大，逐渐降低表现。也就是说，焦虑过头，会让人退缩，产生恐惧心理。后来有研究者就把能够激发最佳表现的焦虑水平称为"最佳焦虑"，它是一种"有建设性，让我们充满创造力的不适"。

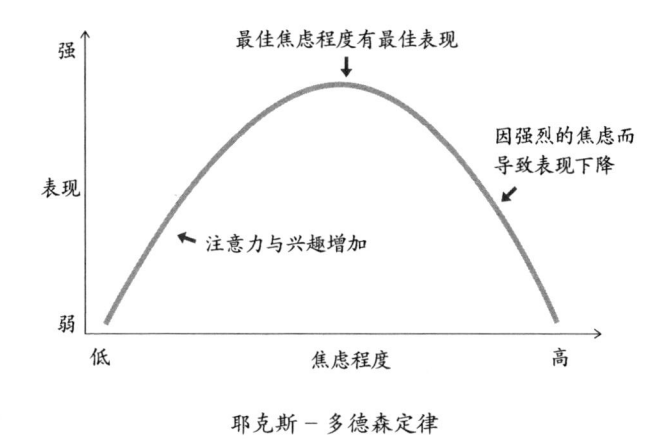

耶克斯-多德森定律

图中标注：最佳焦虑程度有最佳表现；因强烈的焦虑而导致表现下降；注意力与兴趣增加；纵轴为表现（弱到强），横轴为焦虑程度（低到高）。

从上图可以看出，适当焦虑能够帮助我们走出舒适区，为未来做准备。而我们需要警惕的是那些过度、无益的焦虑以及压力。它会让我们对过去耿耿于怀，并对未来惴惴不安，不但问题得不到解决，还可能贻误解决问题的最佳时机。作家娜塔莉·高柏（Natalie

Goldberg)说过:"压力是一种无知的状态。它相信每件事情都很紧急,其实没有事情是那么重要的。"

既然我们深受无用焦虑的困扰,那么如何有效管控它呢?跟大家分享两种方法:情绪重翻译和思维转个弯。

情绪重翻译

无益的焦虑情绪就像一个巨大的牢笼,把人困在其中找不到出路。所以,人们想要走出盲目的焦虑状态,就需要把焦虑背后的信息翻译出来,将当下面临的问题具体化,厘清自己到底被什么困住了。

比如市场行情不好,公司传出要裁员的消息。你知道之后很焦虑,不知道自己会不会被裁,下一份工作在哪儿,内心十分慌乱,惶惶不可终日。这时与其四处打听消息,还不如静下心来,将焦虑情绪背后所要传达的信息翻译出来。你可以问自己:

到底发生了什么?

我在担心什么?

是害怕被裁员后找不到工作吗?

还是担心自己能力不足?

当你这样问的时候,你就会发现,答案本身就指出了行动方案,它会告诉你,此时与其焦虑心慌,不如去做些什么。比如你担心失业,就应该重新准备一份履历,上求职网站搜寻或者通过朋友介绍,提前寻找下一份工作。如果你担心自己能力不足,就该投入时间提升自我,让自己成为不可替代的那一位。

经过重新梳理之后,你就能从漫无目的的纠结与担忧中,看清自己真正应该做的是什么,把盲目的焦虑感转化为行动起来的紧迫感,将当下的问题具体化,然后制订出具体的行动方案。

这里我要特别提醒,焦虑本身只会引发新的焦虑。原来,你可能只是为某些事情焦虑,而一旦陷入这种情绪中,你会为自己的焦虑状态而焦虑。这时候你最应该做的是,通过自我对话的方式,重新翻译焦虑背后的信息,把自己从情绪中释放出来,把"我该怎么办"变成"我将怎么做"。想多了没用,去做,才能真正帮助你自己。

思维转个弯

为什么我们总是被情绪左右?心理学家亚伯·艾里斯(Albert Ellis)认为,这是我们的错误信念造成的,并为此提出了 ABC 疗法。

心理学小科普

ABC 疗法是由美国临床心理学家艾里斯提出的,也是他后来倡导的"理情行为治疗法"(rational emotive behavior therapy)的核心元素。艾里斯年轻时很害羞,为了改善这种状况,他有一个月都去家里附近的公园,强迫自己跟每一位他所遇到的女性交谈。在这一百多位女性中,只有一位答应了他的邀请,可是后来也没有赴约。但是,艾里斯发现自己没有那么害羞了,也不再害怕被别人拒绝。这样的个人经验，对他日后发展心理学理论有重要的影响。他认为人们之所以会陷入困境，都是因为被自己不理性的思维影响了。只要能够改变自己的思维，并且有行为上的改变，就有机会脱离这样的困境。这个治疗法直到今日，还是非常受欢迎。

A 是生活中发生的事或者遇见的人，也就是诱发事件。

B 是你对这件事的看法。

C 是你这样解释之后所导致的结果。

比如主管把你叫去谈话，就是 A；你觉得主管是在找碴，就是 B；你和主管的关系变得很紧张，就是 C。

所以，你看，你的情绪 C 不是由 A（事件或人）直接导致的，而是因为 B，你的看法导致的。当你对一件事情有不同的认识，你对这件事的看法就会不一样，最终导致你的感受和行为也会不同。以这个例子来说，主管把你叫去谈话，如果你对这件事的解释 B

是觉得他在单纯地关心你的工作进度,那么情绪所产生的结果 C 就是你会认真汇报工作进度,并寻求主管的反馈意见,最后工作顺利往前推进。

你会发现,实际上不是你碰到的人和事把你耍得团团转,让你陷入焦虑和苦恼,而是你对这些人和事的思考和反应,决定了你的心情好坏。换句话说,你自己才是始作俑者。其中的关键点在于 B,也就是你对事件的思维方式。

既然思维方式如此重要,那应该怎么做呢?在举例说明之前,我们先要了解在思维上常犯的错误有几种类型。

第一种是我们无法客观处理讯息,很容易仰赖自己主观的想法。比如别人问你今天过得好吗?这本来是一个善意的问候,但是你因为今天过得不太好,就觉得这个人察觉到这件事情,是故意来找你麻烦,是在嘲笑你。

<u>你可以这样做</u>:练习用客观的方式来处理生活中

的大小事,当遇到困难时,问问自己,如果在别的情境下,发生同样的事情,你会不会有同样的困扰。或是把自己遭遇到的事情跟朋友分享,朋友通常都能从一个比较客观的角度来给你建议。

第二种是容易简单地选择走捷径,没有仔细了解事情的始末,就对事情的发展做出预测。比如看到老板涨红脸急着找你,你马上就觉得他是要来责备你。其实他只是刚得知一个好消息,跑过来想要告诉你,所以脸才会红红的。

<u>你可以这样做</u>:练习按部就班,不要让大脑偷懒,在处理每件事情的时候,先问问自己,整件事情的来龙去脉是否都弄清楚了?对于那些自己不确定的环节,可以把可能性都罗列出来,而不是总在过度地向负面思考,觉得事情一定会往不好的方向发展。

就像球类运动有一个很热门的说法,即"球是圆的",我们看待事情的方式也应该这样,不要死脑筋

地觉得只有一种可能的解释，更不要用错误的方式面对生活中的大小事情。

只要思维方式对了，你会发现，那些曾经让你焦躁不安的事情，如跟主管坦承自己在业务方面的疏忽，未必就会有不好的发展。因为，你可以客观分析造成疏忽的原因有哪些，又有哪些是你该承担的责任；针对那些你该承担的责任，你又已经拟订了哪些改善方案。当你不是被动且用一个过于负面的态度来面对事情时，你基本上已经解决了一半的问题。

因此，按照艾里斯的这套方法论，你会很容易调整你的不良情绪，让自己冷静下来，开始理性地思考问题。

小总结

焦虑是一种基本情绪，它本身是一件好事。适度的焦虑能够让我们获得更好的表现，但无用的焦虑则需要进行有效的管控。在这堂课中，分享了两个摆脱无用焦虑的方法：情绪重翻译，重新翻译焦虑背后的信息；思维转个弯，改变认知，排除非理性的错误想法。

最后用一句话总结，焦虑是一种力量，关键是要学会驾驭它。记住，没有你的允许，心中的野兽是露不出锋利獠牙的。

想一想

平时你在焦虑的时候会怎么办，你有哪些摆脱焦虑的方法？

Section 2

我不够好,这是真的吗?

你有没有过这样的经历,当你行动起来跟焦虑对抗的时候,内心深处总是有个声音在对你说:我不行,我不够好,我办不到。

自我怀疑是焦虑情绪的核心,它会让可怕的想法占满大脑,让你束手束脚,举白旗投降,在焦虑情绪的旋涡中打转。那么,要怎么做才能走出自我怀疑,摆脱焦虑情绪呢?

为什么你总是有冒牌货心理？

我在中国台湾辅仁大学授课的时候，曾经在课堂上让学生做过一个练习，请他们写下自己最常说的一句话，然后看看这句话和自己的人生有什么联系。

当天课程结束后，同学小A给我发了一封邮件：

扬名老师，当我在做这个练习时，第一个蹦进我大脑中的词，竟然是"我不行"。我下意识地想要否认，但又好像真的是这样。我想到：实习时主管交代给我一个新任务，我的第一反应是"我不行，我之前从没接触过"；在朋友带我接触新事物的时候，我的反应也是"你们去吧，我做不好"；家人劝我多出去社交，我就会跟他们说："我也想，但是我觉得没有人会喜欢我。"……

"我不行"这三个字让小A陷入了自我怀疑和否定中，即使她并不差。我们为什么总是会自我怀疑？我们怎样才能相信自己？在思考这个问题时，我想起一句钟爱的名言，是心理学家盖伊·汉德瑞克（Gay

Hendricks)说的:

> 我们自我相信的过程可能是"羽毛轻抚",也可能是"大锤重击",这完全取决于你的心态。

这句话说得非常有诗意,意思是:如果你顽固又封闭,不相信自己,那么你对待自己的态度就像拿起大锤砸向自己;如果你开放又好奇,且非常自信,你对待自己的态度就像羽毛轻抚一样,温暖有爱。

如果生活中你总是想着自己做不到、自己不行,那么通常情况下,你无法客观正面地评价自己,就算有人夸你,你也觉得只是客套或嘲讽。经常自我设限,会错过很多可能性和精彩的体验。这样的人,总是倾向用"大锤重击"自己。

为什么会这样呢?这背后有文化、性格、个人成长经历等原因。就拿文化来说,东方文化提倡谦虚,甚至会用打压贬损的方式制造焦虑,来激励一个人,让他更加努力上进。就像有些父母在外人面前不仅不会夸赞孩子,还会专挑毛病,拿别人家的孩子做比较。

外在的评价方式会影响内在的评价方式，长此以往，这个"被激励"的孩子就会真的觉得自己不够好。

西方文化倾向鼓励和赞美。我小学六年级转到美国念书时，根本不会写作业。我的作业明明写得很差，老师给的评价竟然是"very good"。后来我才知道"very good"的意思其实是不太好，若是真的不错，会用"excellent（极好的）"或是"brilliant exceptional（卓越的）"。当时我很感激老师能称赞自己，让我不至于在刚去一个陌生地方时感到恐惧和自卑。

假如很不幸的，你总是遭受"大锤重击"，结果就是很容易患上"冒名顶替症候群"（imposter syndrome）症状。1978年，美国心理学家宝琳·罗斯·克朗斯（Pauline Rose Clance）和苏珊娜·艾姆斯（Suzanne Imes）将"认为自己不配拥有所达到的成就、所处的状态、所得到的肯定和关爱"的现象称为"冒名顶替症候群"。有这种症状的人往往会陷入自我怀疑中，即使他们被人称赞，也会觉得自己实际上没有那么好，只是称赞者被他们欺骗了而已。这些人倾向于把成功原因归为外部环境，例如他人的帮助、难以置信的运气等等，而非因为自己本身足以胜任。其实觉得自己不聪明、没有能力都是一种虚假感，也就是说，事实上自己并没有那么差。

心理学小科普

冒名顶替症候群症状的产生与社会大环境有紧密的关系，当大环境认定具备某些特质的人比较容易成功，而你不具备这些特质时，你就有可能会自我否定。过去的研究显示，冒名顶替症候群症状的盛行率在女性和少数族群中是比较高的，他们很容易认为自己并不是真的成功，只是还没有被揭穿，是个冒牌货。当中一个很重要的原因，就在于他们的努力太少被大众肯定，以致觉得自己没有成功的本钱。另外，当你的成就越非凡，冒名顶替症候群的状况也会越明显。就连爱因斯坦本人都曾经向友人坦露，成就所带来的自我膨胀，让他感到很不舒服，不由得会觉得自己是个骗子（The exaggerated esteem in which my lifework is held makes me very ill at ease. I feel compelled to think of myself as an involuntary swindler.）。虽然冒名顶替症候群症状目前在临床上未被归类为精神疾病，但其影响是不容小觑的，尤其是对个人压力的影响。

那么，要如何摆脱这种虚假感，从自我怀疑到让自己发光呢？不妨试试下面介绍的两种方法：五秒法则和以终为始。

五秒法则，从怀疑到行动

第一种方法"五秒法则"（the 5 second rule）是美国一位畅销书作家梅尔·罗宾斯（Mel Robbins）提出来的，她以自身经验告诉大家，当你感到怀疑、恐惧、有压力，或者有拖延的冲动时，倒数"五、四、三、二、一"，可以让你立即行动起来。

罗宾斯认为我们很多时候只是想太多了，当你花越多时间去想一件事情，你就有越多的可能性发现自己没有办法完成一件事情。这点我觉得成年人要多跟孩子学习，我在和孩子参加活动时，常会看到在主持人提问的时候，小朋友们都会踊跃举手抢答，包括我家的孩子。

有一次我很确定孩子应该不知道问题的答案，就问他："你应该不知道这个答案吧，那你为什么要举手？"

孩子很天真地回答我："因为你知道答案，所以我要先举手，若我被点到了，你就会马上告诉我答案，对吧！"听到孩子这样的回答，我真是好气又好笑。

确实，有时候想太多，反而会浇灭一些冲动。这也是为什么很多电商平台都很喜欢做些限时、限量的抢购活动，就是要让你在冲动下购物。如果给你太多时间思考，你就有可能会反悔。

不过，聪明的商家连这一点都帮消费者考虑到了。我有一次在冲动之下，帮全家订购了去欧洲旅游的机票。这家航空公司的网站很特别,除了告知哪个时间之前要付款,否则机位就会被取消之外,还有一个选项,就是你可以先付一笔订金,延长付款时间,如果之后确定要付款,这笔费用就会被折抵。因为有了这样的替代做法,我就很放心大胆地订了机票,并且支付了这笔费用。

罗宾斯在 TED 大会的演讲中,鼓励大家多练习五秒法则:如果看到一个人,你有冲动想认识他,就走过去打招呼,不要在旁边盘算到底用什么方式打招呼。如果这个人不想理会你,又该怎么办?去做,就对了!

举一个我自己亲身经历的例子。在我首次做在线近万人的直播时,我心里非常担心,怕自己会忘词,怕用户提的问题我回答不上来,一连串问题让我有些想打退堂鼓。后来我就用五秒法则,在数到"一"的时候,强迫自己停下来,不要再想,先认真准备讲稿。

五秒法则能够帮助你专注目标,从自我怀疑、恐惧的想法中脱离出来,把注意力集中在应该做的事情上,改变自我怀疑、犹豫不决、做事拖延的坏习惯。

以终为始,相信成长的力量

第二种方法是以终为始,用同理心让未来的自己来帮助现在的自己,相信成长的力量。意思就是想象对面站着五年或者十年后的另外一个你,他会对你当下面临的事情怎么想、怎么做。那个未来的你,历经磨砺成长,变得更加自信,更有力量,想象并相信那个未来的你,能和你一起面对当前的困境。

记得我小时候刚去美国,由于语言不通,没有朋友,所以曾经度过了一段艰难的时光。那时我很喜欢看漫威,尤其喜欢拥有超能力的蜘蛛侠。有一次搭车坐错站,我对当地环境不熟悉,又不敢找人问路,心里非常害怕,就幻想自己变成了蜘蛛侠,从天而降,给自己加油打气:"Yes, you can.(你一定可以的)"这种想象莫名地给我带来力量,于是我鼓足勇气,用蹩脚的英语找人问路,最后安全到家。

不要小看这种想象,仅仅通过想象长大后的自己,与未来的你保持连接感,就能够拥有更多的信心、勇气和力量。

小总结

放弃自己的力量最常见的方式,就是认为自己毫无力量。自我怀疑会让人陷入焦虑情绪的旋涡,无力脱身,常常会有"我不行,我不配"的虚假感。

要想摆脱这种虚假感,让自己重获力量,你可以试试看上面介绍的两种方法,第一种是倒数"五、四、三、二、一",从怀疑到行动,找回控制权;第二种是用同理心让未来更有能量的自己来了解你的现状,帮你度过困境。

想一想

想一想你平时对自己最常说的是哪些话?当你自我怀疑的时候,你是如何接纳自己的?

Section 3

为什么你总是不能放过自己?

每天似乎都有一百种让我们产生焦虑的可能,为什么我们会如此焦虑,焦虑的根源又是什么呢?

如果深挖情绪的根源,几乎所有焦虑的背后,都指向同一个问题——你从未处理好与自己的关系,不懂自己,不接纳自己,甚至不放过自己。自我关怀,善待自己是一种能力,它常常比关心他人更困难。

我在美国担任博士后研究员时,身边有一位女同学安妮,她在大家眼里是一个非常温暖而又亲切的人。每次来办公室,她都会给大家带好吃的零食;每周她也会固定到养老院做义工,看望那里的老人;每当身边有朋友遇到困难,她总能提供及时的帮助,并且宽慰对方:"这不是你的错,别担心,会好起来的。"可是,就是这样一个很会善待他人的人,对自己却极其苛刻。

有一次她在一个小型的内部研究报告会上发言,陈述课题组的研究结果,在汇报过程中,因为一个实验数据有误,被人当场指出,虽然她当时做出了恰当的应对,而且整个报告效果也不错。但是在这个研究报告会结束之后,她却因为这个小错误,不停地责怪自己很蠢,觉得自己一无是处。

你是不是也像安妮这样,把温柔都给了别人,不懂得善待自己,能够接纳他人的不完美,却总是放不过自己的一点过失?

想要更好,先练习疼惜自己吧

专门研究"自我慈悲"(self-compassion)理论

的心理学家克里斯汀·内夫（Kristin Neff）发现，对于自己以及他人的关怀，比如同情和帮助他人的行为之间，两者并无关系。也就是说，一个善于对他人展现慈悲的人，并不一定会对自己也展现慈悲。与之相对应的是，缺乏自我慈悲的人常常会自我批判（self-criticism），在他们的大脑中似乎一直存在一个尖锐的、消极的、指责自己的声音。就像前面提到的那位女同学一样，习惯用负面方式激励自己，遇到困难和挫折时，总是习惯性地告诉自己："连这么愚蠢的错误我都会犯，我就是一个失败者。"他们总是通过让自己讨厌当下的自己，来敦促自己改变，获得改变的动力。

相反地，如果你仔细观察身边那些能够做到自我慈悲的人，会发现他们通常在三个方面做得特别好：

（1）发自内心地欣赏自己，接纳自己的身体和外在。

我们身边或许就有这样的人，虽然看起来颜值不高，或者身材不好，但他们依然喜欢自己的样子。

（2）面对负面评价能够保护自己。

即使被说长得不好看或不够聪明,他们在收到这些负面评价时,也不会因此陷入情绪低谷,更不会苛责自己。

（3）能感受到并相信自己的能力。

他们也拥有能够承认、欣赏、相信自己的能力,对自己持有积极的想法和乐观的态度。

当一个人能够做到真正的自我接纳和自爱,他和真实自我的关系将变得更融洽,既不会自欺欺人地放纵自己,放弃好好生活的努力;也不会通过自我苛责,去伤害或攻击自己,消耗内在的情绪资源。这种人即使感到烦恼焦虑,也不会陷入自我怀疑中。

那么,这种自我关怀的能力能够训练出来吗?当然可以,下面提供两种方法,大家有机会不妨多练习,学习如何疼惜自己。

故事思维,从"演员心态"转化为"观众心态"

第一种方法是想象自己是位编剧,为困扰自己的事情重新换个主角。

当你开始自责、批评自己的时候,试着把你正经历的事情想象成一个故事片段,比如你现在是故事的主角,正为屡次减肥失败而埋怨自己。然后试着为你的故事换一个主角,例如换成某位长得胖的女演员,或是你身边任何一位胖一点的朋友。接着问自己一个问题:如果他是我,面对这一切,会怎么做呢?

当你将自己正在经历的故事变成一个剧本,并把主角进行替换之后,你会发现,其实你在某种程度上已经抽身出来,从参与其中的演员变成了镜头之外的旁观者,从被动演绎变成从更高的维度去看自己的人生。换句话说,就是从"演员心态"转化为"观众心态"。

所谓"演员心态",就是你自己参与其中,扮演一个角色,正在为不如意的事情自我批评,由于身处其中,你无法剥离情绪和事实本身。但换成"观众心态"

就不一样了,它让你处在局外,并重新看待困扰你的这件事,这时你就能够以朋友或陌生人的视角,去关怀正在经历困扰的那个人。

继续以减肥这个例子来说,如果故事主角换成某位长得胖的女演员,她正因为减肥失败而难过,甚至惩罚自己。站在"观众心态"的视角上,你会不会安慰她:"你胖得很好看,不用再减了,也不必为此难过,我们喜欢胖乎乎的你。"

我在前面已经说过,缺乏自我慈悲的人往往是不会爱自己的,但对朋友、陌生人却能够产生共情或关怀;而变身成为编剧,把困扰你的事情重新换个主角,利用的正是这一点。想象正在经历这件事的是你的朋友或者你敬重的人,你就会像关心朋友那样来关心自己了。

心理学小科普

虽然这里提到要采用观众心态,但有时做个称职的演员也好。因为很多时候你以为自己是当事人，正照着脚本演出，但实际上你根本心不在焉，被其他事情困住了，没有扮演好演员的角色，使得其他演员也受到影响，这是个牵一发而动全身的过程。除了在生活中扮演好自己的角色，你也可以通过心理剧，假装是位称职的演员，这对于面对生活中的大小事情也有帮助。即便心理剧是依据别人给的脚本，或是自己杜撰产生的脚本，都有助于检视自己在不同情境下，会有怎样的感受，以及你做出的反应会引发什么结果。所以，你也可以针对自己的生活情境，撰写不同的脚本，并且当位称职演员来预演不同的版本，或许也会对你有所启发。

无条件接纳自己

第一种方法是用换位思考和共情的方式，让你试着体贴自己。如果说这是一种权宜之计，那第二种方法则让你彻底放下自我评价，无条件地接纳自己。

按照心理学家艾里斯的说法，无条件接纳自己意味着：不管你是否做出了聪明、正确或有能力的表现，不管其他人是否认可、尊重或喜爱你，你都会完全、无条件地接纳自己。也就是说，无论你是坚强还是软弱，是勇敢还是胆怯，是成功还是失败，你都能接纳自己的全部。

但是我们从小都被要求追求成功，并展示自己优秀的一面，以致往往无法接受自己胆小、软弱、不够聪明的一面。正因为如此，要做到无条件接纳自己，其实很难。所以我会给你一个"药箱"，里面备有"两味药"，希望你在评价和指责自己的时候，能够停下来抱一抱自己，接纳自己。

第一味药叫作"与自我批判争辩"

当你的脑海中一闪现这个念头，比如当你被暗恋的对象拒绝了，你觉得一定是自己长得不好看时，就要立刻打住！在这个念头从脑际闪过时，你需要为自己做一些自我争辩：

"不是的,他拒绝我,可能是我们俩的性格不合适。"

"或者是他还没有发现我身上的优点。"

"也有可能是我们的缘分还没到。"

这几句话中表述的性格不合适、认识不够深入、缘分没到,都是一种自我争辩。当你这样想的时候,就能有效降低内心受伤的可能性,能停止负面的自我评价,从攻击和批判自己中跳出来。

第二味药叫作"恢复自我价值,发现自己身上的亮点"

延续前面所举的例子,"被暗恋对象拒绝这件事,虽然让我感觉很难受,但这并不意味我是一个糟糕的人"。不要根据他人的意见和评判,或者世界上的任何事情,对"我"这个整体做出定义,去发现自己闪光的一面。

你可以这样想:虽然他拒绝了我,但我条件并不差。尽管我长得不是标准意义上的美女,但我性格温柔,厨艺精湛，也很会体贴人，身边还有那么多喜欢我的朋友。况且和不对路的人早一点结束，表示离对路的人又更近一步。就让我收拾好心情，准备迎接下一份情感的到来吧。

自我价值感在自我恢复的过程中，能发挥至关重要的作用。当你看到自己身上的亮点，对自己充满自信，也就更容易拥抱自己，接纳自己。

小总结

请相信"我是值得的"。只有接纳自己的不完美，甚至失败，你才可以和真实的自己合一，自在生活。当然，这是一个需要不断练习的过程。俗话说："冰冻三尺，非一日之寒。"花了几十年形成的情绪模式和信念系统，仍需要不断地去觉察和清理。

人终归要和那个"必须要怎样的自己"以及"满身缺点的自己"和解。爱自己是一切的根源，只有懂得爱自己，才会正确面对焦虑，敢于与不确定性共舞。

下次当你对自己不满，责备自己时，不妨尝试以故事思维，通过转化到"观众心态"和无条件接纳自己，让自己接受当下，放下过去，与自己和解。

想一想

针对你所认为的自身缺点，从朋友的角度给自己写一封信，想想看他会对你的缺点做何反应。

Section 4

情绪是什么?你知道的可能都是错的!

你看过《头脑特工队》(Inside Out)吗?即使没有看过这部动画电影,但你觉得愤怒、悲伤、害怕等情绪,是天生存在于我们大脑中的吗?"是"或"否",请快速做出判断。

你觉得每种情绪都有特定的表现吗?比如害怕就会瞳孔放大、心跳加速,就像美国电视剧《别对我说谎》(Lie to Me)中演的一样,识别表情就能识别情绪吗?

以上两道题,你的答案是什么?我想大多数人应该都会选择"是"。他们认为,孩子在出生的那一刻就会哭,母亲一逗他就会笑,情绪当然是天生的!开心了会笑,不开心就哭,这是再简单不过的常识了。

其实,这两道题的正确答案都是"否"。

为什么?因为情绪不是进化而来的,而是你自己制造出来的。它天生存在于你的大脑中。

自己制造的?是不是听起来有些惊讶?而且情绪也没有统一标准,不同文化对情绪的解释有很大的不同,某一种情绪并不一定都有特定的表现,比如悲伤不一定都会流泪、皱眉、两眼无光,所以我们很难通过表情来识别情绪。怎么样,是不是和你之前对情绪的认识完全不一样?

问世间"情绪"为何物

我在大学时看过一本书《当心!你的记忆会犯罪》(*The Myth of Repressed Memory*),是美国知名心理学家伊丽莎白·洛夫特斯(Elizabeth Loftus)和凯瑟琳·克禅（Katherine Ketcham）合著的。作者在书中提到她参与过的多起法院审理案件中，有中年妇女突然告发自己的父亲或亲戚在童年时曾经侵犯过她们。

事实到底如何？洛夫特斯经过审慎的研究发现，被侵犯的记忆是这些妇女自己创造的。原因是她们多数面临事业、家庭的挫败，可能是在互助团体中，把别人的故事当成了自己的，或是被催眠误导，认为自己现在的失败都是小时候被侵犯造成的。

我当时看这本书的时候非常疑惑，按理说被侵犯这样的事件，情绪应该非常激烈，怎么会被忘记，又为什么会被扭曲呢？这成了一个契机，从那以后我就开启了一系列有关情绪的研究。

因为研究伦理，我们不能伤害一个人，让他在非常抑郁的情绪中被当作研究对象。所以心理学常用给人呈现带有情绪成分的图片作为替代，比如一张张表示高兴、难过、愤怒等情绪的表情图，或是使用有情绪字眼的字词。虽然这些带有情绪性的素材，会对人产生一定的影响，但是每次我都会被质疑："你怎么确定这个效果就是由情绪造成的呢？"我听了有些不服气，却也百口莫辩。

情绪研究从 1.0 版升级到 2.0 版

直到我遇到美国心理学会主席，我的博士后导师莉莎·费德曼·巴瑞特教授（Lisa Feldman Barrett）后，跟着她一起做研究，我完全革新了对情绪的认识。如果说我以往所学的所有有关情绪的知识，从柏拉图到亚里士多德，从达尔文到弗洛伊德，甚至近代以来的所有心理学研究，都是传统 1.0 版本的话，那么巴瑞特教授的情绪理论，我觉得是全新的 2.0 版本。为什么这么说呢？

传统 1.0 版本的情绪研究认为：第一，情绪是被引发的，也就是说因为外界的刺激，我们才会产生情绪；第二，存在所谓的基本情绪，比如快乐、愤怒、悲伤等；第三，特定的情绪就该有特定的反应。

巴瑞特教授根据她长达30年的研究，提出了一套全新2.0版本的情绪理论观点。她认为情绪不是与生俱来的，也不是被动引发的，而是我们的大脑创造出来的。没有所谓的基本情绪，而且某一种情绪的反应也不是一成不变的。

这听起来有点难理解。举例来说，回想小时候上学，有些同学爱恶作剧，如果发现一个你讨厌的同学，趁你不注意在你背后贴纸条，你可能会火冒三丈，甚至找他理论，对不对？其实仔细想想，你发那么大火的原因，并不是这个同学的恶作剧激起了你的愤怒情绪，而是你基于个人的性格、习惯、观念、记忆，对这个同学的恶作剧进行了解释之后，才迅速创造和表现出"愤怒"的情绪。如果换成一个你喜欢的同学在你背后贴纸条，你可能就会一笑置之。所以恶作剧本身不会引发生气的情绪，而是你自己制造的。

心理学小科普

莉莎·费德曼·巴瑞特教授是美国东北大学心理系特聘教授，曾任心理科学协会主席，并在 2019 年拿到古根汉基金会研究学者奖。十多年前就曾得到 300 万美元的研究经费，在学术领域是数一数二的佼佼者。巴瑞特教授是我担任博士后研究员时的导师，她对于追求真理有很强的执念，但有别于很多顶尖学者，她不会被既有的框架限制，而是有几分证据说几分话，并擅长开拓新的局面，破除大家错误的既定印象，这点从她出版的两本书中可得到验证。她在《情绪跟你以为的不一样》（How Emotions Are Made）中带大家重新认识情绪的运作。另外，在《关于大脑的七又二分之一堂课》（Seven and a Half Lessons about the Brain）中，她以七篇简短的文章并穿插小故事引领读者认识大脑这个器官，也是非常具有启发性。

我们才是情绪的主人

情绪不是天生就有的,不是被激发出来的,是我们的大脑根据从小接受的教育、过去经验等来解释眼前发生的事情,从而创造出你对这件事的情绪反应。所以,我们会看到身边的人,面对同样一件事,会有不同的情绪反应。比如同样被公司"炒鱿鱼",有的人会从中吸取教训,并总结经验,越挫越勇;而有的人就会悲观消极,自我贬低,自暴自弃。这就是不同的人,对同一件事做出来的解释以及创造出的情绪是不同的。

再强调一次,情绪并不是与生俱来的,而是我们的大脑创造出来的。对此你应该感到开心才是,这说明我们才是情绪真正的主人,我们可以避免坏情绪的发生,多去创造对自己有利的积极情绪。

那么具体应该怎么做呢?巴瑞特教授在《情绪跟你以为的不一样》这本书中提供了一些可以练习的方法。

保持健康，避免生理问题影响情绪

这种方法听起来像是老生常谈，但是保持身体健康真的很重要，尤其是对我们的情绪感受。

很多时候，我们的负面情绪都是因为生理上的不舒服所造成的。比如夏天排队买奶茶，长时间在大太阳底下排队，又热又累，这时你就很容易因为小事而动怒。或是前一天晚上没睡好，第二天上班精神状态不佳，也会容易在工作过程中与人产生摩擦。这些都是生理上的不舒服造成的，我们却往往误以为是自己心理上不舒服，因而引发负面情绪。

要想保持生理上的健康，其实很简单，只需要做到三点：

（1）饮食健康；

（2）定期锻炼；

（3）保证充足的睡眠。

这些说起来很老套，毫无新意，但健康的身体是精神状态的基础，所以，建议你更加重视自己的身体，每天合理饮食、少熬夜,保持适量的运动,不要以为年轻就可以随意挥霍身体本钱。因为身体健康,才是应对负面情绪最好的"解药"。

增加多元体验,丰富生活经验

介绍完第一种方法,我们接着再来看第二种,想办法创造更丰富的生活经验。

前面已经说过,情绪是我们依据过往经验创造出来的。我们过去的经验,不管是直接经验,还是读书、看电影等获得的间接经验,汇集构成了我们解释情绪的资料库。这个资料库的内容越丰富,我们越能为我们遇到的事情赋予不同意义,构建出不同的情绪。

有一次我去日本旅行,要见一位日本朋友,本来是约好了早上9点拜访,我也准时到了他家门口,但当他在门口迎接我时,却提醒我迟到了。我当时感觉很委屈,心想我明明是准点到的,哪有迟到。后来我才知道日本人的时间观念,准点就算迟到,如果跟人约了时间，最好能提早五至十分钟到。

有了这个背景知识后，我就不太会因为时间观念的差异而感到内心不悦，并且我以后再和不同国家的人交往时，也更能理解和尊重他们的时间观念。这就是丰富生活经验的好处，让你能够更加灵活地调整自己的心态，并赋予积极意义。

小总结

先提醒一下有孩子的朋友们，当你在教孩子认识情绪时，注意不要给他们留下刻板印象。比如，人在高兴时就会微笑，在愤怒时就会皱眉，等等。虽然很多动画片都是这样表达的，但你可以帮助孩子去了解各种各样而又丰富多彩的世界，让他们明白，微笑不仅能表达快乐，还可以表达尴尬、愤怒，甚至伤心。这主要取决于环境。

情绪不是"降临"到你身上的，而是你自己制造的。不同的情绪，包括焦虑，都是我们的大脑建构出来的，这也从科学的角度再次说明了,我们才是情绪的主人,而不是情绪的奴隶。保持身体健康和旺盛的精力,增加多元生活体验,这样就能逐渐掌控情绪,不再被外界的变化所左右。

想一想

你觉得情绪是怎么对你造成影响的呢?如果依据情绪2.0版的说法,你是否会改变原本的看法呢?

Section 5

每种来烦你的情绪，都意味着一次自我提升

我平时在家很喜欢和两个孩子一起读古诗词，不仅因为古诗词能帮助孩子培养文化底蕴，更在于它还能提高孩子的情商。

举例来说，在你感到特别开心时，或许你会跟人说："哎呀，我今天真是太开心了，好嗨呦！"但如果翻开唐诗宋词，你会发现大量描绘开心的词汇，有不同的层次和内涵。比如：杜甫的"却看妻子愁何在，漫卷诗书喜欲狂"，这是一种狂喜之情；孟郊的"春风得意马蹄疾，一日看尽长安花"，这是一种神采飞扬的得意之情；李白的"仰天

大笑出门去，我辈岂是蓬蒿人"，这是一种豪放之情。诸如此类的情感表达在古诗词中非常丰富。

为什么情感表达越细腻，情商越高呢？这和"情绪颗粒度"（emotional granularity）这个概念有关。

"情绪颗粒度"是巴瑞特教授在20世纪90年代提出的概念，它指的是"一个人区分并识别自己具体感受的能力"。这个定义稍微有些复杂，我举个例子说明，可能会比较容易理解。

关于新型冠状病毒肺炎，有的人可能会说："我的第一反应是恐惧，它不会传染到我和我的家人吧？紧接着第二反应是悲伤，有那么多人感染，我却无能为力。"而有的人可能会说："我感受到一种无法被确切描述的强烈情绪，挺难受的，感觉周围人心惶惶。"

情绪颗粒度的显著特征之一，就是情绪词汇的丰富性。在上一段的两种描述中，前一种用了"悲伤"这个词；而后一种的情绪颗粒度比较低，只是用"挺难受的"这种笼统的词来表达混沌的感觉。

如何判断自己情绪颗粒度有多细致呢？我们来做个测试：

你能在 20 秒内列举出几个表示"开心"的情绪单词？

结果怎么样？能超过 10 个吗？你能想出 10 个就很不错了。

巴瑞特认为，熟练掌握几十个情绪概念的人，情绪颗粒度就属于中等程度了。一个情绪能力高的人，不仅能掌握很多情绪概念，而且知道什么时候用哪一个概念。就像画家、设计师，他们对颜色的颗粒度很敏感，能辨别很多种不同的颜色，哪怕只是红色，也可以分出暗红、玫红、酒红、胭脂红等等，并且会根据作品的特点，适时选择合适的那一种颜色。

情绪的体验越丰富，越细致入微，表达得越清晰，一个人的情绪颗粒度就越高。情绪颗粒度的高低，直接影响着我们管理和应对情绪的能力。那些情绪颗粒度高的人，更能够分辨并表达自己的情绪，也能更好地掌控和管理自己的情绪，和情绪做朋友，而不容易被情绪控制。也就是说，提高情绪颗粒度，就能直接提高人们处理负面情绪的能力。

所以，在某种意义上，情绪颗粒度是情商的基础。因为管理情绪的前提就是你能够识别并表达情绪。

情绪颗粒度越细，我们就可以越有针对性地对每种情绪进行分析，找到对应的解决方案，相当于拥有更多的"兵器"。当情绪颗粒度很粗的时候，也就无从分析，应对情绪的方式也只有简单的一两种。就像华尔街著名投资家巴菲特（Warren Buffett）的合伙人查理·芒格（Charlie Munger）常挂在嘴边的老智慧："当你手里只有一把锤子，看什么都是钉子。"

既然情绪颗粒度这么重要，我们应该如何细化情绪颗粒度呢？下面介绍两种方法，第一种是尽可能学习新的情绪词汇，第二种是仔细品尝每一次的情绪体验，把体验每种来烦你的情绪都当成一次自我提升的机会。

学习新的情绪词汇

首先要做的是,学习情绪词汇,编一本属于自己的情绪概念词典。

巴瑞特教授曾经做过一个研究,她让人们练习区分黑猩猩的面部表情,其中一半的人会先学习不同的情绪词汇,另一半的人则可随意用自己的方式做标记。结果发现,学习过不同情绪词汇的人,能够比较好地区分黑猩猩的面部表情。也就是说,我们在做面部表情区分的时候,情绪词汇起到了重要的作用。

多阅读,试着编一本属于自己的"情绪概念词典"

当你在表达情绪时,不要只用"快乐"等词,你可以使用一些具体的词汇,例如"狂喜""喜悦""备受鼓舞"。你也不要什么时候都用"悲伤"一词,学着了解"气馁"和"沮丧"的差别。要多掌握一些内涵更丰富的情绪词汇,比如"欢畅"就比"欢乐"微妙,"猜忌"比"怀疑"更有想象空间。情绪词汇是生活的工具,当你的工具包越大,大脑就可以更灵活地预见并确定行动,你便可以更好地应对生活。

学习词汇,不要把自己局限在你的母语中

除了日常使用的母语,你还可以学习一些外来语中描述情绪的词汇。伦敦玛丽皇后学院"情绪历史中心"研究员蒂凡尼·瓦特·史密斯(Tiffany Watt Smith)从世界各地的语言中收集了156个表达不同情绪的词,并将它们收录在她的著作《心情词典》(*The Book of Human Emotions*)中,例如:

"Awumbuk",这是巴布亚新几内亚拜宁人的语言,意思是"访客离去后的空虚落寞"。你可能有过这样的感觉,家里来了客人,我们会讨厌他们把家里弄得一团糟,但当他们真的离开,你又可能会觉得家里空荡荡的。于是,拜宁人发明了一种方式来消除这种落寞的情绪:在客人离开后,他们会装满一碗水放过夜,让它吸收恶化的空气,待第二天早起后,仪

式性地将那碗水泼到树丛里,并开始新的一天。

"L'appelduvide",这是一个法语单词,意思类似"虚无的召唤",指你在某一刻突然被无法解释的思绪控制了大脑。比如站在天桥上,看着下面川流不息的车辆,突然有种跳下去的冲动。虽然你不知道这种冲动从何而来,但它可能会使你产生丧失力气、摇摇欲坠的感觉。不知道你有没有类似的感受,当我看到这个词时,瞬间感觉之前混沌的情绪一下子找到了出口,有一种共鸣感。

心理学小科普

多数的人都会觉得使用母语时,最能够如实地表达自我,原因之一就是对于母语的词汇比较熟悉,能够找到最符合某种情境的词。同理,当你懂得越多的情绪词汇,你就越能够把自己的情绪做比较细致的分类,这就是巴瑞特教授所谈论的"情绪颗粒度"。

你知道中文有多少词汇是被用来描述情绪的吗?郑

昭明等人在2013年曾做过一个研究，将华人的情绪类别做结构分析，标记了305个情绪词，然后把描绘基本情绪的词分为9类。以"怒"为例，他们记载了14个词：生气、愤怒、怒、气不过、气恼、气愤、盛怒、恼火、恼怒、愤怒、愤慨、暴怒、震怒、激愤。若你能区分这14种不同的怒，就能越细致地区分自己的情绪经验。

仔细品尝每一次情绪体验

不过，词汇学习只是第一步，真正要领悟这种情绪，你需要真实的体验。所以，第二种方法就是，珍惜每一次情绪的降临，把它当成自我提升的机会，细细品尝。

你最近一次生气是什么时候？

是因为什么事情，你还记得当时的感受吗？

在你开始回想之前，先跟大家说一个发生在我身上的小故事：

有一次我家老二吵着要喝汽水，我买了一罐给他之后，他看到哥哥在喝果汁，就故意把汽水打翻，然后在那边自言自语："如果现在有果汁喝，我会很开心。"我听了很生气，因为孩子喜新厌旧，不懂得珍惜，还装无辜。但同时我也不得不感叹老二的伎俩，实在太高明了，因此我当时有一种既生气又好笑的感觉。

当你回想自己经历过的某一种情绪时，你会发现，每一次情绪爆发的缘由不同，强度不同，你的感受也会不同。

有的时候，你会气到全身发抖；有的时候，则满脸通红。如果你细细品尝，就会发现原来自己可以创造出很多不同的情绪经验。哪怕是快乐，也会有很多不同形态的快乐。

当然，有些情绪我们可能没办法创造直接体验，比如极度的仇恨、悲悯世人的大爱等，这时你可以用读书、看剧的方式，来增加你的间接体验。

就拿看剧来说，当你盯着荧幕的时候，不妨多留意剧中角色是怎么表达他们复杂的情绪的，然后想象一下，如果换成是你在那个场景里，会有什么样的情绪，会做出什么行动。

当我们用心地体验这些情绪复杂的场景,并跟学习过的情绪概念结合起来,以后在自己遇到类似的场景时,就可以更敏锐地觉察到其中的情绪。一旦你开始用这种新的视角看剧,就会发现乐趣比过去要大得多。你不只是在看剧情,还可以像内行人一样看"门道"。

小总结

管理情绪的关键一步,是识别情绪。想要准确识别情绪,需要细化你的"情绪颗粒度"。试着掌握更多的情绪词汇,并珍惜每一次情绪的降临,就可以让你的情绪颗粒度足够细,成为一个高情商的人。

想一想

说出你今天或者最近感受到的一种情绪,并尽可能详细地描述它。

Section 6

如何才能成为情绪稳定的成年人?

作为一名心理学家,我走到哪儿都爱观察人。不同人的行为方式、说话方式,遇到事情的处理方式,都能反映出一个人的性格特点。有一点不知道你有没有同感,我们身边那些真正优秀的人,能让你打心底产生依赖感、安全感、信任感的人,往往都是情绪很稳定的人。想想看,是不是?

我们可以在从小爱看的武侠小说里面找到情绪稳定的人物,比如《天龙八部》里的乔峰,在遇到突发事件时,他镇定自若,是大家的主心骨;在取得成功,做出值得炫耀的事时，他也不会沾沾自喜，到处宣扬。情绪稳定的人并不是没有情绪，只是能够做到"不以物喜，不以己悲"，且喜怒不形于色，真正做到了保持情绪的稳定性。

为什么情绪稳定是一个成年人稀缺的本领？如何才能锻炼出这种能力呢？这就涉及"情绪稳定性"（emotional stability）了。

所谓情绪稳定性，通常指的是人保持情绪平稳的能力，和我们所说的一个人是不是敏感、情绪调节能力强弱有关。

首先，一个情绪较为稳定的人，更容易专注在实现目标上。比如工作过程中即使被指责，也能专注在应该做的事情上，而不会过于受到情绪干扰。其次，情绪稳定性高的人，更能抑制冲动，在负面情绪爆发时不会做出过激行为。最后，与情绪稳定性差的人相比，情绪稳定性高的人对情绪有更清晰的认识。也就是说，此刻他有什么情绪，他能够具体地说出来，而不是笼统地说很难受或很空虚。

此外要强调的是,情绪稳定性不单单表现在情绪波动上,它还有很多层次的外在表现,比如自我管理能力、工作中的稳定表现、意志的坚韧性、压力状态下的处事灵活性、不同场景下的行为一致性等等,这些或多或少都跟情绪稳定性有关。这也是为什么公司在招聘时,更倾向选择情绪稳定性强的人。

一般而言,情绪稳定性差、频繁冲动且经受不住压力的人,很难在竞争激烈的职场中脱颖而出。因为这种人很容易钻牛角尖,任何威胁、挫折或失败都会让他坐立不安,甚至有时会喜怒无常。总而言之,严重的神经质和高度的情绪不稳定性,会让他难以处理日常挑战,较难与人合作。

林语堂有一句话,他说:"一个心地干净、思路清晰、没有多余情绪和妄念的人,会给人带来安全感,因为他不伤人,也不自伤;不制造麻烦,也不麻烦别人。"那么,如何才能获得这种能力,让自己的情绪变得更稳定呢?

心理学小科普

林语堂虽然是一位作家,但他有很多有哲理的语录都跟情绪管理有关。1924年,30岁的林语堂把"humor"这个英文单词翻译成"幽默",让华人世界开始认识幽默这样的西方概念。他不仅把幽默这个词带入中文,在文学创作与生活态度上也都展现了十足的幽默感。在《北一女青春·仪》这本书中记录了一段林语堂让人印象深刻的发言,那时他受邀参加活动,但前面的人发言过于冗长,轮到他时已经不早了,他就潇洒地说了句:"绅士的讲演,应当是像女人的裙子,越短越好。"台下先是一阵鸦雀无声,后来大家都觉得这实在太幽默了,当时还上了新闻媒体的报道。推荐大家可以去找林语堂的书来读,对于如何面对情绪也会有所启发。

分散注意力

第一种方法是,在情绪火山爆发前,分散注意力。

发泄情绪是人的一种本能。出现情绪波动在所难免,当你感到情绪激动,快要爆炸时,试着分散注意力,避免再火上浇油。注意!我说的是分散注意力,并不是逃避。分散注意力的目的,是避免你被负面情绪裹挟,伤人伤己。先缓一缓,等到合适时机再来处理负面情绪。

当然,不同的人,分散注意力的方法也不同。有的人选择打游戏、看电影,有的人可能饱餐一顿就能放松心情。清代作家李渔在文章中说他排解情绪的方法是写字,"予无他癖,唯有著书。忧籍以消,怒籍以释",意思是他没其他爱好,就喜欢写点东西,用来化解忧愁,释放愤怒。

我平时遇到烦心的小事,通常会听五月天《后青春期的诗》这张音乐专辑。这张专辑我听了很多年,非常喜欢里面歌曲的旋律,听的时候很容易投入进去,也会暂时忘却烦心的事。

如果碰到的事情比较棘手，我转移注意力的方式是做一件费时费力、稍微复杂一点的事，比如做一个高难度的甜点。在做甜点的时候，我会只专注在具体的步骤中，不去想其他事情，而在做完之后又可以吃到好吃的甜点，可谓一举两得，非常疗愈。

解套五步法

在情绪爆发前，有效分散注意力，能够抑制情绪火山的喷发。但问题是，情绪依然还在，平复心情之后，还要再来处理这种负面情绪。至于具体如何处理，这就要说到第二种方法——解套五步法。

大家都知道，开车的人只要看前面仪表盘，就能知道车子的运行状况，然后再决定是否加速。这种一目了然的方式，能够帮助我们做决策。同样的道理，假如我们能够把模糊不清的情绪也仪表化，那是不是就能走出情绪的圈套，找到解脱之路呢？基于这点，我总结了"解套五步法"，通过自我提问和反思的方式，

教你在梳理情绪的过程中,将情绪可视化。接着请拿出一张纸,按步骤自问自答,跟我一起来梳理自己的情绪:

第一步是 What

我怎么了,我感觉如何,我在什么情绪当中,强度如何?

范例:"我现在的情绪是焦虑,坐立不安,心神不宁。除此之外,还有点担心。"(目的是弄清楚你处在什么情绪当中,叫出它的名字。)

第二步是 Why

为什么我会有这种情绪,背后发生了什么事才让我这样呢?

范例:"我正在赶一份项目报告,但这几天琐事比较多,迟迟没有动笔,距离截止时间还有两天,感觉很难完成。"(从情绪本身去追溯背后的信息,找出引发情绪的原因。请尽量真实客观地描述所发生的事情，不要夹杂情绪化的语言，单纯陈述事实就好。）

第三步是 Wish

我最初的愿望是什么？我所期待达成的目标是什么？

范例："我赶这份项目报告，原本是想让主管看到我这段时间的成长和进步，能够提高月底绩效考核。"

（通常没有明确方向或要达成的目标时，会特别容易感到焦虑。因此，拟定一个你希望达成的目标，不仅可以让你有一个努力的方向，而且也能降低焦虑感。）

第四步是 How

为了达到这个目标，我能怎么做，我的下一步行动是什么？

范例："我想自己是因拖延才会焦虑，原因出在时间管理上，我应该好好规划时间，利用这两天思考如何提高效率,或许向主管请教,参考过去的项目报告,又快又好地完成目标。"(这是整个梳理过程中的关键,促进你从处理情绪到解决问题的重要一步,从"我该怎么办"转向"我该怎么做"。只要行动,就有摆脱困扰情绪的可能性。)

第五步是 Outcome

最后我按计划行动的结果如何?

范例:"因为我优化了自己的作业流程,得到了不错的成果。"(按照计划行动之后,要进行复盘,写下最后的结果,并对最后结果进行总结。或许你并没有圆满完成,但这个总结依然有效,它能帮助你形成一种理性对待情绪的习惯,有助于下次成功达成目标。)

以上就是"解套五步法",为了方便记忆,我称它为 3W2O 法则。

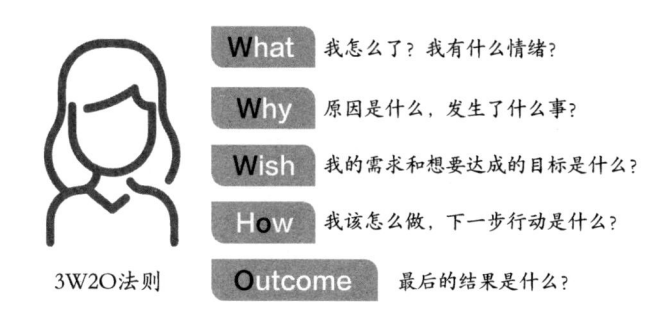

3W2O法则

- **What** 我怎么了？我有什么情绪？
- **Why** 原因是什么，发生了什么事？
- **Wish** 我的需求和想要达成的目标是什么？
- **How** 我该怎么做，下一步行动是什么？
- **Outcome** 最后的结果是什么？

当你按照这种方法坚持一段时间之后，你将越来越清晰地知道什么能够引发你的情绪，也会越来越能掌控自己的情绪。

小总结

所谓情绪稳定，首先是内心对未来的笃定，不急躁，不盲目。其次是对生活的把控，明白什么是可以改变的，然后尽自己所能去改变它。一个成熟的人，懂得如何化解自己的情绪，既不伤及自身，也不牵连他人。这本书讲的是与我们每个人都息息相关的五种焦虑，以及层层化解五种焦虑的过程，就像启动一个静止的飞轮。飞轮内部是与自我相关的情绪焦虑、选择焦虑、成长焦虑，统称为"内部焦虑"；依次向外是与外部相关的职业焦虑和关系焦虑，称之为"外部焦虑"。将情绪焦虑放在第一个部分，是因为它是内部焦虑的核心。也就是说，你只有处理好自己的情绪，与自己和平相处，才有可能处理好外部关系。

想一想

你是一个情绪稳定的人吗？如果是，什么样的事情会让你有较大的情绪波动？如果不是，你觉得自己为什么情绪会不稳定呢？

PART 2

选择焦虑

我们总是担心自己做了不好的选择，如果可以理性一点，多考虑一点，或许就不会后悔了。但是会不会真正的关键在于，你怎么看待选择的后果，而不是选择本身呢？

Section 7

如何在复杂体系中做出最佳选择?

说起选择,小到早上起来穿什么衣服,大到跟谁结婚过日子,有数据显示,我们一天要做70多次大大小小的选择。

尤其现在信息发达,我们突然进入一个选择种类激增的年代,买一杯咖啡,店员会问你要美式、拿铁还是卡布奇诺?买一条裙子,问你要长裙、短裙、高腰的还是低腰的?去买股票基金,种类更是数不胜数。

到底该选哪个?哪一个才是最佳选择?这些问题都是焦虑的来源。

通常情况下，我们生活中所遇到的选择，有大小和简单复杂之分。比如，喝哪种口味的奶茶，用哪个牌子的化妆品，这种选择都很好做，根据个人偏好或产品质量，很快就能做出决定。

如果涉及高考选择专业，毕业后去哪家公司工作，跟谁结婚，要不要买房买车，是回家乡还是留在大城市，面对这种人生大事，就很难下决定。因为这些复杂问题有很多选项，且每个选项都不是短时间内就能比较出优劣的，而是需要反复思考。那我们该怎么办呢？

综合心理学和组织行为学方面的专业研究，建议你试试"决策三步走"这种方法：第一步是减少选项，也就是去掉无关紧要的，只留下重要选项；第二步是仔细比较重要选项的优劣，然后做出决定；最后一步是管理预期，先对你所做的决定有一个心理上的准备。

决策三步走之第一步：减少选项

当你面临的选项太多，无从下手时，你可以先做删减，即通过查找资料、请教专业人士等方法，去掉那些无关紧要的选项。

心理学家曾做过一个实验，他们在超市摆设果酱摊位，并为消费者提供购买果酱的折价券。第一种情况是，摆放了24种不同口味的果酱；第二种情况是，只摆放了6种不同口味的果酱。结果发现，当面前有24种果酱时，消费者看多买少，只有3%的人买了果酱；而摊位上只摆6种果酱的时候，有30%的消费者选择购买。为什么减少果酱的种类后，销量反而增加呢？

心理学小科普

这个知名的果酱实验（jam experiment）是由美国哥伦比亚大学的席娜·艾扬格教授（Sheena S. Iyengar）以及斯坦福大学的马克·莱伯（Mark R. Lepper）教授共同完成的。虽然研究发现，选择越多，对于消费行为而言是有害的，但研究者也发现，当选择比较多时，也会吸引比较多的消费者。在这个有曝光就有消费的年代，或许选多不一定就不好。比如宜家家居（IKEA），不少产品都会推出多种不同颜色的款式，"热情先决"网站作者徐仲威认为，货架上摆放同样式但颜色不同的产品，会比较讨人喜欢，并促进顾客进行消费。也就是说，人类决策的行为，是非常复杂的。在不同的情境、目的下，人们会做出不一样的选择。

其实很好理解，选项太多，人们反而会不知道如何选择。心理学有个理论叫"选择超荷（choice overload）"，意思是说，如果你有更多选项，你会给自己施加更大的压力去做最优选择。即便你的选择结果还不错，你还是会觉得会有更好的选项。如果选择不够完美，那失望的感觉也会更加严重。所以，选择太多，人们会更容易陷入困境。

那么我们要怎样减少选项呢？其实只要花一点时间和精力，找让自己信服的专业人士，听听他们的建议，然后再做删减，就可以了。

比如你是一位产品经理，最近想换工作，而你有五家目标公司，你不太确定哪一家更适合自己，你就可以找一至两位资深产品经理，请他们给你一些参考意见。因为他们在这个领域工作多年，对整个行业更加了解，会针对你的选项做出分析和建议，最起码能帮你去掉次选项，留下可待分析的观察项。我以前申请博士时就请教过学长，询问我罗列的导师申请名单中，哪些教授不仅学养好且人比较好说话，就优先向这些教授表达自己想要当他们的学生的意愿。当时几个学长给我的建议对我帮助很大。

决策三步走之第二步：分析选项并做出选择

在分析选项时，你既要看每一个选项的优势所在，也要站在对立面想想它的缺点是什么。

就拿很多人面临的回家乡还是留在大城市这个两难的选择来说，留在大城市，意味着生活压力大，一遇到房租上涨或工作不顺利，你就会想念老家的舒适安逸。但如果真要你收拾行囊回家去,你可能又舍不得大城市的工作机会和便利生活了。每一个选择都像是硬币的两面,有利有弊,只有罗列正反两面,衡量利弊得失,才能更加理性地看待这个选项。

穿梭时空,遇见三个未来的你

除了罗列对立面外,你还可以用苏茜·韦尔奇(Suzy Welch)提出的"10-10-10 法则",让自己站在更长的时间尺度上,去看自己面临的每一个选项。这三个 10 分别代表:

10 分钟之后,你会做何感想?

10 个月之后,你怎么看待今天的选择?

10 年之后呢,你又会做何感想?

我曾经和一位朋友聊天,她当时 27 岁,单身,正纠结自己是应该听爸妈的话回老家当教师,还是留在北京继续北漂。当时我就问她:"如果你回老家,10 分钟之后,10 个月之后,10 年之后,你会怎么看这个决定?"

她思考了一会儿说:"10分钟之后我有点不甘心,因为要放弃原来辛辛苦苦积累的一切。10个月之后,我有点害怕,怕自己过的是一眼看到头的生活。10年之后,可能就是平平凡凡地过安稳的小日子。"

如此分析下来,当时的她内心深处还是渴望留在大城市的。这就是站在远处看选项的好处。远距离思考问题的时候,能够更加理性地做出符合内心声音的判断。

那么,分析完每个选项之后,是否就可以做出一个最佳选择呢?

其实好不好都是相对的,最关键的是,它符不符合你的价值观。

所谓价值观,就是你设定的"优先级",也就是你认为什么重要,什么不重要。比如你认为事业的成功对你最重要,还是家庭幸福对你最重要?是留在大城市还是回家乡?是单身好还是结婚更好?这些问题都没有正确答案，完全是个人的选择。

理性分析之后，在最后决策的关键时刻，还是要尊重你内心的声音，让它来指导你做出选择。

也就是说，当你内心告诉你，你还是希望留在大城市奋斗，哪怕辛苦也不想回老家过安逸的生活，这时继续奋斗就是你的优先级。不要因为其他人的声音随大流，改变你的价值观。只有这样，你才不会后悔。

决策三步走之第三步：预期管理

我们在做决策时，很容易只考虑当下的状况，而不考虑未来可能的状况，也就是说，我们是在忽略最终结果好坏的状况下，做了决定。

我在申请博士的时候，就犯了这样的错误。当时我下定决心要去做情绪研究，向好几位有名的情绪研究学者表达我想要跟随他们做研究的意愿。反复比较之后，我答应了一位英国学校的教授，成为她门下的博士生。正当我决定要去这所学校时，又收到了英国约克大学教授艾伦·巴德利（Alan Baddeley）的回信，他说愿意收我做学生。巴德利教授是提出工作记忆模型的心理学家之一，也是常在百大心理学家排行中名列前茅的心理学大师。我实在难以拒绝，不管是从学校排名还是导师的知名度来说，这好像都是一个最优选择。可是，我没有想过，这两位教授未来是否会有不同的发展，以及他们的发展对我而言又有什么样的影响。

最终我选择了巴德利教授，跟着他做记忆方面的研究。不过，就在我去了约克大学不久之后，我才知道，原本我想要追随的那位教授，竟然去了牛津大学任教。事后我心里也会想，如果当时我选择了这位教授，或许我的毕业证书就是牛津大学的博士学位了呢。

你看，人就是这样，选择了其中一个，就会觉得自己错过了另外一个。特别是发现如果选择另外一个，结果更好时，难免会觉得有些遗憾。而预期管理就是降低决策后的焦虑和遗憾，对可能发生的不好的结果有个心理准备。

世界一流的组织行为学家希思兄弟（Chip Heath & Dan Heath）在其著作《零偏见决断法：如何击退阻碍工作与生活的四大恶棍，用好决策扭转人生》（*Decisive: How to Make Better Choices in Life and Work*）中，提出了一个 WRAP 决策法，用来协助人们做决策判断。

这种方法中的最后一个字母是 P，它是"Prepare to be wrong"（要做好会犯错的准备）的简写，就是在说人们往往都认为自己的决策是对的，一定不会犯错，因此在决策判断的时候，不会给自己留条后路。但是，希思兄弟建议我们最好要给自己留条后路，因为你的决策有可能是错的。

举例来说，有个年轻人觉得自己目前的工作很无聊，想要转行当程序设计师，他内心虽然做了这个决定，但也明白贸然转行代价很大，自己现在是零基础，根本找不到程序设计师的工作。这时候他就可以用希思兄弟提出来的方法,在稳住目前工作的前提下,去报名程序语言相关课程,有了一定基础之后,再接一些免费或者收费的项目练习,提高自己的专业能力。这样他既可以验证自己是不是真的要转行,同时也能慢慢实现转行当程序设计师的可能性。

小总结

在生活中我们有太多事情需要做选择,而且每件事情都有非常多的选项。与其每次都花很多时间纠结、懊悔,我们更应该练习怎么高效做出选择。更重要的是,你要接受你所做出的选择。很多时候,所谓最佳的选择,就是你内心愿意接受的选择。

想一想

在你目前的人生经历中,有哪个选择是最困难的?你最后是怎么做选择的呢?

Section 8

如何在不确定性中练就决断力？

有一次我在搭地铁时，旁边一个年轻人一直在打电话，由于他的声音比较大，又很着急，以至于我想不去听都很难。

"你说我到底换还是不换？换吧，新公司离家太远了，且每个月都要出差，我女朋友一定不会同意。不换吧，现在的工作太没劲了，我都快待废了。而且我都要30岁了，再不拼一回，以后就更不可能了。你快给我出出主意，我都纠结一个多月了……"他在电话里不断地跟对方说自己有多纠结，不知道该不该换工作。

听完，我想起了一个有趣的思想实验——布里丹之驴。有一头小毛驴，它又饿又渴，在它左右两边分别放着一堆干草和一桶水，距离相等。驴子站在中间犹豫不决，一下看向左边，一下看向右边，无法决定应该先吃草，还是先喝水。它就这样摇摆不定，犹豫不决。最后的结果是，这头驴在饥渴中死去。这个思想实验来自法国中世纪一位哲学家约翰·布里丹（John Buridan），所以被称为"布里丹之驴"。后来人们就把在决策中犹豫不决的现象，称为"布里丹效应"（Buridan's Ass）。

心理学小科普

布里丹之驴实验的情境，看起来有点荒谬，因为肚子饿的时候，早已饥不择食，怎么可能还会犹豫不决。现实生活中，或许我们面对的不是两堆一样的草料，而是两种截然不同的选择。比如一间百年老店到底要坚持传统口味，还是要与时俱进，研发新口味，就不是那么容易决定的。

再比如柯达（Kodak），虽然它是第一家开发出数码相机的公司，但因为放不下传统的底片生意，结果落后于其他公司，甚至在2012年申请破产。另外，瑞士诸多知名的手表品牌，基本上也正在经历如履薄冰的困境，2020年，光是苹果（Apple）的智能手表的销售量，就已超过全瑞士的手表销售总量。面对这样的状况，一些瑞士手表品牌已经着手智能化，推出有智慧功能的机械表。但仍然有一些业者死守自己的传统技术，处境岌岌可危，值得引以为鉴。

仔细想想，生活中有很多人在许多事情上都活得像布里丹之驴一样，面对选择缺乏决断力。为什么我们会举棋不定、犹豫不决呢？有没有什么办法可以让我们更有决断力呢？

在介绍方法之前，我想请大家想想，你真的做所有决策都不果断吗？应该也不是。

想象一下，如果你人在面包店，看到你很喜欢的面包只剩下一个，你当时又有点饿，你会犹豫很久，还是会马上把这个面包夹到自己的盘子里呢？我想多数的人在这样的情境下，都会果断地把这个面包夹到自己的盘子里。

也就是说，当我们在有需求且有选择压力的状况下，我们也可以是很果断的。如果布里丹的驴子只知道一边有水，因为选择有限，它肯定不会渴死。而我前面提到的那位犹豫要不要换工作的年轻人，如果他现在是处于没工作，但又必须缴付各种费用的状况下，他肯定不会考虑那么多，甚至有可能接受最先拿到的工作邀约。

搞清楚你最需要的是什么

很多时候，我们之所以会犹豫不决，根本的原因是我们其实没有想清楚自己需要的是什么。你以为你是不够果断,但追根究底的关键,其实是因为你不知道自己想要的是什么。

我早上在健身房运动的时候,因为没有太多节目可以选择,就会常看旅游生活频道的婚纱节目。准新娘们大概可以分为几种类型:第一种是很清楚知道自己要什么样的婚纱,而且对自己足够了解,通常很快就能在顾问的推荐下,找到自己想要的婚纱;第二种也很清楚自己想要什么样的婚纱,只是这些人不太了解自己,所以会走一些冤枉路,然后在顾问的推荐下,找到适合自己的婚纱;还有第三种准新娘,不知道自己想要哪种样式的婚纱,选起婚纱来觉得什么都好,她们往往会试穿很多套婚纱,最后还是没有办法做决定。

所以关键就在于,厘清自己想要什么,若你同时可以搞清楚自己不想要什么,就可以让自己更有机会果断地做决策。现在有很多帮助人们做决策的系统,就是协助人们确认自己想要的,以及不想要的,从而有效帮人做决定。

该如何营造选择压力?

虽然我们不喜欢在压力下做决策,但是一些证据都显示,当我们在有压力的状况下,我们往往能做出比较好的决策。

英国伦敦大学的塔莉·沙罗特(Tali Sharot)教授曾经做过一个研究,比较参与者在感受到威胁或没有威胁的状态下,对于信息整合的能力是否会受到影响。实验中,研究人员告知其中一半的参与者,他们在实验结束后要到隔壁的教室去公开演讲(受到威胁),另一半则没有被告知有这样的安排(没有受到威胁)。在实验的主要部分,参与者需要评比一些事件在他生活中发生的概率,如被抢劫之类。在第一次预测之后,参与者会被告知在英国这类事件发生的概率,然后请他们再次评估这件事情会发生在他身上的概率。

结果研究发现,相较于没被告知实验结束要公开演讲的另一半人,受到威胁组会比较愿意依特定事件在英国发生的概率来调整自己的预测,而没有受到威胁组则会低估不好的事情发生在自己身上的概率。这个研究结果说明,在有压力的状况下,人们的决策反而是比较理性的。

也有不少研究探讨,人们在有时间限制的情况下,是否会做出比较好的决定,答案也是肯定的。有个研究就发现,在有时间压力的情况下,人们会想办法尝试多个不同的解决方案,以确保自己可以找到最好的解决方案。

既然知道原因出在哪里,那么具体该怎么做,才能练出决断力,让我们更容易做好决策判断呢?下面有两种方法,大家可以尝试练习一下。

从属性着手，设定理想选项

我们之所以觉得做决定很难，没办法果断，是因为我们不擅长在同一时间评估一个人、事、物的多种属性。就像要从五花八门的手机当中，选择自己要买的是哪一部手机，就不是件容易的事情。

在决定要不要买一部手机的时候，你可能会需要反复端详、比较。但是，如果你知道自己需要的是可折叠的智能型手机，那么马上就可以做判断，这部手机有没有可能是自己需要的手机。再来做决定就比较简单，因为你只需要针对一个属性来做判断。

当我们要果断做决定时，可以把每一个选项针对不同的属性做拆解，接着针对每个属性，设定一个你的理想选项。然后，你只需要评估候选清单中，每个选项具备了几个你喜欢的属性，那个具备最多属性的就有可能是你的理想选项，你也就能够果断做出选择。

如果你觉得要针对很多属性做判断有点复杂，你也可以减少需要做判断的属性，只保留那些有关键性影响的属性。比如在考虑租房子时，你会有很多需要考虑的，但里面总有几个属性是一定要具备的，如要有电梯、要邻近大众运输系统（公交站或地铁站）。此时，你就应该只比较所有候选清单中，有哪些具备这些属性，然后你就能够果断做出判断。

帮自己设定一些限制

除了从属性着手，搞清楚自己真正的需求，前面我也提到，在有压力的状况下，我们比较能够果断地做决定。所以，第二种方法就是"帮自己设定一些限制"，你可以用不同的方式来给自己施加压力，不论是利用时间也好，或是设定比较严格的标准也好，都可以帮助自己果断地做决定。

比如你在求职的时候，如果没有时间压力，就很有可能会一直在等候更好的那个工作；或当你预算很高时，你对于自己到底该租什么样的房子，就会犹豫不决；当面对太多选择时，反而拿不定主意。

以租房子为例，预算越高，当然有机会租到条件越好的房子。但是，你如果多花一点钱租房子，就只剩下更少的钱作为生活费。所以，即使你租房的预算很高，也建议你设定一个价格区间，而不是只设定上限。因为，会有一些便宜、条件差的选项，增加你做决定的困扰，也会让你无法果断。

另外再举个朋友的例子。有一次，一位朋友打趣地说："我在这边工作最大的好处，就是在决定中餐要吃什么的时候，不用太耗费心神，因为选项很少。"虽然有点哀伤，但我还是鼓励他，这样他就有更多的时间去做其他的事情。

你想想看，在外卖服务开始流行之前，你每天要决定吃什么，是不是相对简单得多。关键就在于，以前你的选项是受限的，而现在外送平台上有太多可能的选项了，做决定就很难果断。

我有一回看学生用外卖平台订餐，就嘲讽地说："你们的认知资源，都被这些平台占据了，真是太傻了。"

"老师啊！我们没有钱，所以选项也没想象中得多，老师您多虑了。"结果学生这么回我。

虽然听了有点不服气，不过我在某种程度上是替他们感到高兴的，因为他们在有限制的情境下，可以果断做选择，而不需要浪费太多时间在这种不太重要的事情上。

小总结

鱼与熊掌不可兼得，我们常会陷入布里丹之驴的困境，所以徘徊不前，缺乏决断力。其实不果断的原因很简单，一个就是我们根本不知道自己想要什么，另一个就是我们没有必要快速做出选择。

如果你想要让自己更果断，可以练习从属性着手，判断一个选项具备了几个自己看重的属性。另外，在做选择的时候帮自己设置一些限制，也能让你更果断地做出判断。善用这两种方法，你或许会发现，虽然你只买得起鱼，但是你也只想要鱼，不想要熊掌。

最后,希望大家不要做那只饥渴而死的布里丹之驴,找到机会就多做练习,在不确定性中锻炼你的决断力。

想一想

请回忆你所经历的人和事中,有没有与决断力相关的?你当时又是如何做决断的?

Section 9

如何让自己想到又做到?

生活中你是否有过这样的情况?

看着自己走样的身材,多次下定决心要减肥,但每次路过蛋糕店,却总是忍不住买一块;给自己订了每月读几本书的计划,但一有空闲时间,还是忍不住刷手机、玩游戏;老是跟自己说要早睡早起,但第二天早上闹钟响了8遍,你还是摁下暂停键,继续倒头大睡……

为什么你无论下了多少次决心,最后都是草草收尾?你的意志力真的那么差吗?

为什么有些人就那么自律呢?怎样才能让自己从

一个计划者变成实践者？下面我们就来谈谈自控力。

在开始之前，我先讲一个两千年前古希腊神话美狄亚的故事。美狄亚是科奇斯岛一位会施法术的公主，她对来到岛上寻找金羊毛的伊阿宋王子一见钟情，于是帮助伊阿宋找到金羊毛并和他一起离开。美狄亚的父亲听到消息后，派人去追她。在面对情人的爱和父亲的爱之间，美狄亚左右为难。她明知父亲对自己的良苦用心，却还是背叛整个家族，与情人远走高飞。她痛苦地说："我感到一股神奇的力量在牵引着我向前走，情欲和理性把我拉向不同的方向。我很清楚哪一条是正确的路，心里也很认同，但我却踏上了错误的路。"故事的最后是她被情人抛弃，走上了复仇之路。

美狄亚所说的这股神奇力量，就是欲望和理智之争。这就如同眼看着工作任务的截止时间快到了，还是打开了游戏。明明清楚哪一个选择是正确的，但还是会选择错误的行为。这到底是为什么呢？

你的骑象人累了吗?

对于这个问题,社会心理学家乔纳森·海特(Jonathan Haidt)在《象与骑象人》(The Happiness Hypothesis)这本书里面给出了答案。他说:"我们可能无法完全控制自己的行为。我们的内心并没有一个能够决定自己行为的'最高决策者',相反地,我们的心理是被分成很多部分的,每个部分都有自己的主意,甚至有时候各个部分间的意见还彼此冲突。"为此,他做了一个奇妙的比喻,把本能、情绪、直觉等部分比喻成一头桀骜不驯的大象,理性、思考等部分则比喻成一个瘦小理智的骑象人。

大象渴望及时行乐,为了眼前的利益可以放弃长远的好处,比如明知自己在追求苗条的身材,还是抵不住抹茶冰激凌的诱惑;而骑象人则希望大象能够深谋远虑,未雨绸缪,能够为了将来的目标,克制当下的欲望。骑象人骑在大象背上,好像是在指挥大象,但事实上，骑象人的力量无法完全控制大象的行为。就像美狄亚所发出的感叹："我的骑象人理性地告诉我，哪条路是对的，但我内心的大象却把我带向了错误的方向。"这就是为什么我们总是在欲望与理智之间徘徊，也能回答为什么我们的计划总是落空。因为制订计划的是理智（骑象人），但执行计划的时候总是会受到情感（大象）的影响。

或许你会说，虽然受到情感（即大象）的影响，但我们还有意志力呀，发挥意志力的力量，骑象人不就能够控制住大象了吗？可是，人的意志力是有限的。

心理学小科普

乔纳森·海特是美国著名的社会心理学家，他以道德感相关的研究著称，最重要的贡献之一是提出社会直觉模式（social intuitionism model），他认为人的道德行为，往往是直觉的，而非理性推论后的产物，而且社会文化对直觉的运作影响甚巨。他有一篇相关的论文——《感性的狗及其理性的尾巴》(The Emotional Dog and Its Rational Tail:A Social Intuitionist Approach to Moral Judgment)已经被引用了接近一万次,这是非常卓越的成就。

海特教授也把社会直觉模式套用在人的其他行为上,这一节提到的《象与骑象人》就是其中的一个应用。他的另一本著作《好人总是自以为是:政治与宗教如何将我们四分五裂》(The Righteous Mind:Why Good People Are Divided by Politics and Religion)则让大家看到社会、文化对一个人道德行为的影响。

1998年,佛罗里达大学的罗伊·鲍麦斯特(Roy Baumeister)教授曾做过一个实验:他们把两组饿了3小时的学生带到同一间屋子,屋内放了两种食物,一种是香气扑鼻刚出炉的巧克力饼干,另一种是干巴巴的萝卜。很显然,两种食物放在一起,巧克力饼干的诱惑力更大。实验人员把食物分配给两组学生,一组领到的是饼干,另一组领到的是干萝卜。然后实验人员离开了房间。

虽然分到干萝卜的学生并没有在无人监管的情况下偷吃巧克力饼干,但他们在抵制巧克力饼干的时候已经消耗了一部分意志力。当两队学生吃完,实验人员重新回到屋内,给这两组学生出了一道无解的问题,想看看他们会花多长时间去解这道题。最后的实验结果很惊人:吃了巧克力饼干的同学平均坚持了19分钟,而克制食欲的同学平均只坚持了8分钟。

这个实验告诉大家的是,人的意志力是有限的。从计划到实践有很大的鸿沟,你不可能让理智无时无刻地控制情感,骑象人控制大象久了是会累的。

既然我们已经知道从计划到实践有很大的鸿沟,而且人的意志力是有限的,那么要如何提高自控力,让目标落到实处呢?

向外求助

第一种方法是向外求助,借助工具和外部力量提升自控力。

为了能够准时起床，我们会习惯在前一天晚上设闹钟。我的一个国外的朋友曾跟我分享过一款很有趣的会跑的闹钟，说它简直就是懒虫克星。因为这款闹钟长了"脚"，能够在你赖床时跑得远远的，并且将自己藏起来。想象一下，你设置好了第二天7点的闹钟，闹钟响了之后，还没等你摁下，它就突然开始在房间里大叫，满屋子乱跑。要想让这讨厌的家伙停下来，你必须下床四处找它。经过这番折腾，你想不清醒都不可能，所以，善用工具能够帮你达成目标。

除此之外，你还可以通过他人的监督来提升自控力。现在很多训练营正是利用这一点来实现训练目标。比如你报名参加了一个减肥训练营，因为你缴了很高的费用，所以如果你不按时参加就会十分心痛，再加上有很多同学在群组里打卡，并展示他们的减肥成果，不断地给你刺激，在这种外界的推力下，你也就更容易坚持下去。

向内求助

当然,向外求助只是一种推动力,最重要的还是靠自己。第二种方法就是向内求助,用执行意图来代替目标意图。执行意图和目标意图是什么意思呢?

所谓目标意图,简单来说就是"我要怎样怎样",它很像我们每年的新年目标,比如:"我要升职""我要加薪""我要瘦成一道闪电",等等。遗憾的是,目标意图很容易让计划落空。

相对应的,执行意图是思考你会在哪些时间、地点或者哪些条件下,做哪些能推进目标达成的事情,然后用"如果……那么……"的方式,把触发条件和采取的策略联系起来。

举例来说,你给自己定的目标是保持运动,那么保持运动就是你的大目标,然后你进一步拆解自己的目标,给自己定的小目标是每天走路一万步。当你把它列在日程表上,时间一长,你会发现自己总是三天打鱼两天晒网,坚持不下来。

如果你使用执行意图,把条件和目标相结合会怎样呢?比如你发现,要想保持日行一万步,下班时搭公交车回家,并提早两站下车走回去,刚好能完成一万步的目标。在使用执行意图时,你就可以跟自己说:"如果下班时搭公交车回家,那么我就提早两站下车走回去。"这句话中的"下班搭乘公交车回家"就是触发条件,"提早两站下车走回去"就是策略,只要搭乘公交车回家这个情境出现,就会触发你的动作,也就是提早两站下车走路回家。如此一来,目标会更容易完成。

执行意图最早是由美国纽约大学动机心理学家彼得·戈尔维策(Peter Gollwitzer)在1999年提出的,他的妻子加布里勒·欧廷珍(Gabriele Oettingen)也是一位心理学家,曾在她的著作《正向思考不是你想的那样》(Rethinking Positive Thinking)中,介绍如何使用执行意图的工具——"WOOP"。

"WOOP",是四个英文单词的首字母缩写,由"愿望(wish)""结果(outcome)""障碍(obstacle)""计划(plan)"组成，其操作方式如下：

①写一个你想实现的愿望，并设定好完成时间。

②想象一下，实现愿望之后最美好的景象，越清晰越好，然后写下来。

③接着再想象为了实现目标，你可能会遇到哪些困难，把清单列出来，并且描述得越具体越好。

④最后使用"如果……那么……"的方式，一一对应前面所列出的障碍。

假设你想要"在半年内减重10公斤"（愿望），就先想象未来成功瘦身后，你"变得身材苗条，有马甲线。穿上晚礼服后，在活动中回头率超高，最后找到一位心仪的白马王子"（结果）；再来想象减肥过程中可能会碰到的阻碍，"看到甜食会忍不住、遇到饭局推不开、该去跑步的时候会犯懒，只想追剧玩游戏……"（障碍）；最后预想列出应对措施跨越障碍，"如果看到甜食忍不住,那么家里就不买高热量的零食；

如果碰到饭局,那么我就只点一份沙拉;如果想追剧,那么跑完半小时就允许自己看一集;如果外面下雨没跑成步,那么就在家中做半小时有氧体操……"(计划)。

当你在执行计划的过程中,遇到之前没有预料到的状况,你也可以随时增补"如果……那么……"清单,最后达成你的目标。

WOOP 思考卡(范例)

W:愿望(wish)

在半年内减重10公斤

O:结果(outcome)

变得身材苗条,有马甲线。穿上晚礼服后,在活动中回头率超高……

O:障碍(obstacle)

看到甜食会忍不住,遇到饭局推不开……

P:计划(plan)

1.如果看到甜食忍不住,那么家里就不买

> 高热量的零食
>
> 2.如果遇到饭局,那么我就只点一份沙拉……

小总结

我们每个人都有惰性,会偷懒,会禁不住诱惑,所以骑象人会一次次败下阵来。好在我们可以选择改变自己,只要我们行动起来,就能让计划成真,让梦想成为现实。不管是向外求助,还是向内求助,只要你坚持不懈,哪怕只是一小步,都离最后的成功又前进了一步。就像国外一句有名的谚语所说的,"Incremental change is better than ambitious failure",翻译过来就是"逐步的改善,好过雄心勃勃的失败"。

想一想

从现在开始,想想你有什么目标没有完成。使用WOOP这个工具,制订你接下来的行动计划。

Section 10

感到迷茫沮丧时,应该怎么办?

迷茫,或许这个词,你一点也不陌生。

在十几年的求学阶段中,你感到迷茫,不知道辛苦学习是为了什么;到了二十几岁踏入社会工作,你还是会感到迷茫,不明白自己到底喜欢和擅长什么。

本以为迈向 30 岁,就会逐渐成熟,可以从此告别迷茫,遗憾的是并没有。

为什么在人生的各个阶段,我们总是会感到迷茫?

怎么做才能不迷茫呢?

从心理学的角度来看,迷茫是一种困惑心理,是对不确定性的反应。具体来说，就是不知道自己真正想要的是什么，不知道自己在面对选择时，应该怎么做决定才是正确的。

那为什么会有这种困惑心理呢？

其实导致我们迷茫的原因有很多，比如担心社会变化太快，自己跟不上，或者内心自卑，对自己缺乏信心……最根本的原因在于自我认识不足，无法正确估量自身的能力，对自己和外界的双重不确定性，导致内心产生了大量的不安与困扰。

比如，你有一份体制内的稳定工作，但你根本不喜欢，也不知道自己到底想要什么，你只是得过且过。朋友建议你在业余时间尝试做点别的事情，如开个自媒体账号，做做直播。虽然你也想试试，"斜杠"一下，但又怀疑自己不能做好，所以迟迟没有开展。如果打个比方，处于迷茫当中的我们，就如同一块三明治，一面是你对自己的不确定性，另外一面是你对外界的不确定性。身处其中，空虚而没有力量。

从根本上而言，这种迷茫的状态会伴随我们一生，只是各个阶段都会有不同形式、不同种类的迷茫。在这里我想特别说一下青年人的迷茫。我在做心理学科普的近十年中，收到了很多来信，其中"迷茫"是热门的主题之一。尤其是30岁左右的青年人，他们在一个行业中已经工作了几年，开始有了职业倦怠感，不喜欢自己当下的状态，但又不知道离开现在的工作岗位能做什么。

既然我们已经知道迷茫产生的原因，那么应该如何应对迷茫呢？下面要介绍的是一个策略和两个思维工具，如果你也正处于迷茫中，不妨试试看。

一个策略：眼高手低

我们已经知道，迷茫是来自对自己和外界的双重不确定性。要应对这种不确定性，我给你的第一个策略叫作"眼高手低"。

先来看为什么要"手低"。

当我们感到迷茫的时候，最大的感受可能是觉得生活很无趣，没有前途，看不到希望的曙光，所以你就要先给自己定个目标，找个事情做。人一旦失去目标，不知道自己想要什么，就容易陷入虚无当中。而给自己设立目标，就像前方有了一个红色的靶心，让你把注意力聚焦到眼前的事情上，并且为之努力。

当然，这个目标不要过于遥远，或者过于庞大，最好能够清晰具体，是你能力范围之内可以达成的。这就是我要说的"手低"。也就是说，着眼自己当下能够达成的事情。比如：你给自己定的目标是"今年能够比去年多赚十万块"。

有了这个目标之后，你需要把目标做拆分。比如：开辟第二职业，在业余时间跟朋友一起做做副业；或者是争取今年加薪20%，年终奖金能够翻一倍……把长期目标拆分成可实现的短期目标后，你才能对自己更加有信心，慢慢地也会对自己的生活拥有掌控感。密歇根州立大学的一项心理学研究发现，当一个人觉得自己有能力掌控自己的生活节奏时,会产生强烈的自信心,这在一定程度上可以削弱迷茫和消极的感受。

感到迷茫的第一步是先给自己设立目标,让自己行动起来。可是也有人会说:"我给自己定了目标,也一步步去做了,但总是感觉比别人慢一步,还是会迷茫。"这时,你需要做的是提高自己应对外界变化的能力,对未来的趋势有一定的了解。这就是我要说的"眼高"。所谓眼高,就是不仅仅解决眼下的问题,还需要把眼光放得长远一些,对自己所在的领域有更加深入的研究。

受人工智能(AI)的影响,未来哪些职业会被AI"干掉",哪些职业又会"吊打"AI,你所在的行业未来会不会被AI取代,你需要提前了解并有所准备。麦肯锡报告研究显示,需要同理心、洞察力、表达能力的社交智能型工作,如教师、心理咨询师、护理师、月嫂等,AI无能为力;而需要创造力、审美能力的创造型工作,如作家、设计师、导演、画家等,未来会越来越"吃香"。至于那些简单枯燥、重复性的工作，如流水线作业员、银行职员、电话推销员等，就很容易被 AI 取代。所以，你在认真从事本职工作的同时，还必须了解和掌握行业趋势，提前做好准备，这样才能掌握自己的职场命运。

总结来说，"眼高手低"就是放眼未来，立足当下，进而增加对自己和外界的掌控能力。

两个思维工具

介绍完一个策略之后，我们再来看看可以用哪两种思维工具应对迷茫。

麻省理工学院哲学系教授基兰·塞蒂亚（Kieran Setiya）在一篇文章中曾提到，因为未来人生的可能性变少，过去的选择无法改变，以及当前工作内容的不断重复，很多中年人会感觉到危机。"过去不可逆，未来不可追"，这和我前面提到的青年人迷茫的表现是一致的。为此，塞蒂亚给出了两个思维工具。

第一个思维工具叫作"与选择带来的机会损失和解"

这里的关键词是"机会损失",指的是你选择做了一件事,没去做另一件事,而造成的损失。

不久之前,我带我家老二去商场,答应给他买一个小玩具。他在儿童玩具区域挑了半天,还是无法决定要买小汽车,还是变形金刚、乐高,或者是电动遥控车。

"爸爸,我都想要。"他跟我说。

"不行,只能选一个。"我笑着提醒他。

老二犹豫半天,最后选择了变形金刚。

我带着他去买单,结完账走出商场的时候,他抬头看见橱窗上有一个火箭模型,比他的变形金刚更酷,就跟我说:"爸爸,我选错了,我不想要变形金刚了,我要火箭。"

我看出了老二脸上的失落,就跟他说:"是的,我知道你更喜欢那个小火箭,可是变形金刚买了之后就退不了了,而且我们约定好今天只能买一个,如果你想要火箭，只能等下次。"

他明白我说的话，没有坚持一定要买，但直到进了家门，他都沮丧着脸，连刚买的玩具也没心思玩了。

小孩子的这种心情，其实我们都经历过。百般纠结做出了选择，结果发现自己选错了，但这是你自己做的决定，后悔也只能默默接受。看着老二那么失落，我也动过破例给他再买一个火箭的念头。后来我想，让7岁的他学会为自己的决定负责，尝尝后悔的滋味，知道选择的重量和承担后果的必要，比让他开心更加重要。

我们成年人也一样，虽然会为以往的选择感到遗憾，但也要学着看开一些。因为就算你选错，人生也不会因此毁了。

人称"中国烟草大王、橙王"的褚时健，他的一生历经几番沉浮，从中国烟草大王到沦为阶下囚，然后在74岁那年开始种橙子，以10年时间又成为家喻户晓的中国橙王。从他传奇的人生经历，我们可以看出，与其追忆，不如往前看，将目光聚焦在脚下的路，好好欣赏路上的风景。

第二个思维工具叫作"多做有存在性价值的事情"

当你与过去和解，回到眼前的现实中，如果还是觉得手上的工作很无聊，没有意义，又该怎么办呢？

塞蒂亚给出了第二个工具——多做有存在性价值的事情。这听起来比较哲学，但说得白话一点，就是"多做让你感受到生命意义和自我成长的事情"。

我在做老人心理学研究的时候，接触过很多"银发族"。那些身体健康、精力充沛的老人，多年来一直保持着一至多个个人爱好，如做了多年外商管理高层的大叔，私下是一位20年坚持不懈的瑜伽教练；还有一位大学老师，她做的西餐足以媲美米其林大厨。

在我和这些长辈聊天的时候，他们都提到兴趣和爱好带给他们的滋养，每当遇到工作或生活不如意时，他们总是能够在热爱的事情上找到自我价值。这和塞蒂亚的建议如出一辙，建议你也能在工作之余发展一项爱好，以此便能平衡重复性工作带来的空虚感。

心理学小科普

基兰·塞蒂亚是麻省理工学院哲学系的教授，他出版过多本专著，大多是用哲学的方式带大家看待生活中所面对的困境，如怎么分辨是非、理性决策等。"如何面对中年危机"是他近年来很重视的一个主题，同时他也出版了一本《重来也不会好过现在：成年人的哲学指南》（Midlife: A Philosophical Guide）。塞蒂亚认为，我们可以利用哲学来帮助自己面对中年危机。以面对悔恨为例子，他认为我们不一定要执着于处理这个悔恨，而是需要问问自己，还有什么可以让我们继续现在的生活。

小总结

年轻的时候，看美学大师朱光潜先生的一本书——《给青年的十二封信》，书中有一句话令我印象深刻：

"生命途程上的歧路尽管千差万别,而实际上只有一条路可走,有所取必有所舍,这是自然的道理。"

尽管我们都知道鱼和熊掌不能兼得,但每次面对选择,仍然对自己不确信,对未来不确定,并会夹在中间感到迷茫纠结。与其这样,不如试试这小节中介绍的两种方法,一个策略是"眼高手低",两个思维工具是"与选择带来的机会损失和解""多做有存在性价值的事情"。把握当下,走出一条属于自己的精彩之路。

想一想

最近有让你感到迷茫的事情吗?试着给自己制订一个行动计划。

Section 11

偏见和谬误如何欺骗了你?

假如你要买把椅子,现在有两把椅子外观看起来一模一样,第一把椅子标价是原价1000元,限时特价100元;另一把的标价是原价500元,同样限时特价100元。也就是说,这两把椅子的购买价格都是100元,只是原价不一样。请问你会买哪把?

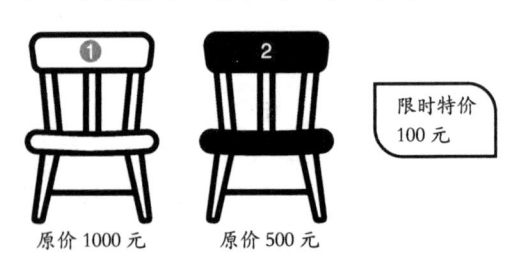

偏见案例之椅子标价

如果你选择的是原价1000元那把椅子,那么恭喜你,你和大多数人做了同样的选择。

为什么看起来一模一样的椅子,价格也一样,我们会倾向买原价更高的那把呢?其中有两个原因:第一,从心理感受上来说,原价越高,我们会觉得自己捡到便宜,省了很多钱;第二,我们会觉得原价能卖1000元的椅子,质量一定比原价500元的椅子好。其实这都是我们的偏见。

生活中我们被偏见影响的例子比比皆是。比如你想要买一个保温杯,现在面前有两款可选,第一款保温杯卖200元,在购物网站的10分制评分中,这款保温杯的得分是7分;第二款保温杯的价格是400元,是第一款价格的两倍,它的评分是9分。你会选哪一款?

可能大部分人会选择第一款,因为7分和9分差距不大,但价格却差了一倍。所以,大部分的人会考虑性价比,证实第一款的性价比更高一些。

现在，我把这道选择题做些修改，再增加一个选项（第三款保温杯），听完之后，你再看看自己会选哪一款。

☐ 第一款保温杯：价格 200 元，评分是 7 分。

☐ 第二款保温杯：价格 400 元，评分是 9 分。

☐ 第三款保温杯：价格 600 元，评分是 8 分。

怎么样，这次你会选哪个？

仔细看，你会发现，新加入的第三款，价格是第一款的三倍，评分却只有 8 分。价格贵，质量又不是最好，我想很少人会选择第三款。

但神奇的是，因为有了这个捣乱的第三个选择，原本在第一道选择题中，大部分人倾向选择便宜又实惠的第一款，这时则倾向拿 400 元购买第二款。原因是：比较三款保温杯，第二款价格适中，评价却是最好的。

为什么我们那么容易受到影响，只是因为多了一个烟雾弹式的多余选项，就改变了原来的选择呢？

不管你是否承认，我们很容易被蒙骗，这是一个事实。有些人虽然学历很高，读了很多书，也经历过不少事，却被电话诈骗骗走了不少钱。看似很聪明的一个人，也会做出让人难以置信且非常糊涂的决定。这背后，都和我们的大脑有关。

我们的大脑是个吝啬鬼

在决策理论方面获得诺贝尔奖的美国心理学教授丹尼尔·卡尼曼，在其畅销书《思考，快与慢》(Thinking Fast and Slow)中提出了双系统思维模型，一个是"直觉思维系统"（快思的系统一），另一个是"理性思维系统"（慢想的系统二）。这两个思维系统，其实我们每天都在用，只是我们自己用的时候没有感觉。

直觉思维系统靠的是直觉，它反应迅速，与我们平常意义上所讲的"思考"称不上有关系。比如看到草丛里面有一条蛇，你会下意识地闪躲；坐飞机遇上乱流，稍有颠簸，你就会紧张；看到一个可爱的婴儿，你便会微笑。这些都是你的直觉思维系统起作用的表现。因为你不用经过任何考虑和思索，它马上就会启动。

再说你在游泳池里游泳，手怎么划，脚怎么蹬，需要思考吗？不用，因为我们已经完全把它训练成了直觉。

如果我现在问你："21乘以58等于多少？"算术能力差一点的人，就得掏出纸笔来计算了。对，这个时候你启动的是一个反应很慢，但是逻辑推理能力非常强的系统，叫作理性思维系统。也就是需要你停下来，运用逻辑推理能力慢慢思考。通常我们在旅行时选择哪条路线，读书时选择哪个专业科系，工作时去哪家公司求职，大部分人用到的都是理性思维系统。

如果要对这两种思维系统做一个简单对比，那就是：直觉是快速的、自动化的反应；而理性是缓慢的，需要聚焦和专注。一般来说，我们讲母语的时候，使用的就是直觉思维系统；而费力地讲外语时，倾向于使用理性思维系统。

目前有大量的科学实验证明，人们更喜欢使用直觉思维系统进行判断和决策。因为大脑运行的一个最基本原理就是节省资源，也就是说，能不用脑就不用脑，直接启动本能的直觉，而这正是人类决策偏误产生的根源。

既然我们已经明白大脑是一个吝啬鬼，不喜欢启动理性思维系统，导致我们判断的时候会有偏差，那要怎样才能不被偏见、谬误误导，做出理性的决策呢？以下提供两种方法供大家参考。

饮水机闲谈

第一种方法是卡尼曼在《思考，快与慢》一书中提到的饮水机闲谈，即在互动中倾听多种声音。如同前述，偏见和谬误常常因为直觉思维系统占了主导地位，在你应该动脑思考的时候，却头脑一热，简单粗暴地做了决定，所以要想解决这个问题，你就要慢一些，主动启动理性思维系统,反复推理验证之后再做决定。

但是,理性思维系统是懒惰的,需要刻意唤醒它,也就是需要外部的刺激或者提示。就好像你常常会忘记带东西,有一天你需要从家里带一个重要的东西到公司,你就请同事如果看到你在线,就发信息提醒你明天要记得把东西带到公司,这就是外部提示。同样地,你在做决策之前,也可以给自己创造这样的外部提示。

卡尼曼给的方法——饮水机闲谈,就是让决策者在做决策之前,到一个比较轻松的环境,比如办公室饮水机旁,听听大家的闲谈和批评。外部的信息和反馈,能够让你的思考慢下来。

当局者迷,旁观者清,人的理性,不在风平浪静时,而在众声喧哗时。当你独自决策时,假如身边有不同的旁观者,这些旁观者会用他们的慢思考,来帮你纠正自己的快思考可能导致的错误。所以,集体讨论决策虽然会有效率不高的问题,但在很多情况下,还是有意义的,因为它可以启动很多人的"慢想",减少"快思"可能带来的偏见与失误。

心理学小科普

丹尼尔·卡尼曼和阿莫斯·特沃斯基（Amos Tversky）因为提出了"展望理论"（prospect theory），在2002年获得诺贝尔经济学奖。有别于其他经济学理论，这个理论不认为人做决策是理性的，而是会根据初始状况，对风险有不同的态度。

简单来说，他们发现人有趋吉避凶的行为倾向。在能够获得一定收益的时候，会倾向选肯定会获得的选择，如一定会有所收获的福袋，而不会想要买一张可能输光钱的彩券。但是，在面对损失的时候，则会倾向去冒险，希望可以因此躲过损失。

展望理论，就符合卡尼曼在《思考，快与慢》中所提到的系统一，也就是比较仰赖直觉的决策形态。不过，仰赖直觉就一定不好吗？恐怕还有待更多研究来证实。

虚拟奇葩说

假如身边没有旁观者该怎么办呢？接下来介绍的第二种方法适用于一个人独处时的决策，那就是在你的大脑中虚拟一场"奇葩说"，用充分的辩论给你的直觉判断打个折。

我们都知道，充分的辩论能够让你的思考变得更理性，因为你能从各个角度对同一个问题进行更全面的了解。当你在做一个决策之前，不妨在头脑里面类比一场"奇葩说"，让正反两方在大脑中开一场辩论会。

这场辩论的关键是，你在辩论会里扮演的不是自己，而是"对方辩友"，所以你要站在另外一个人的角度来审视自己。

比如你30多岁还没有结婚，是父母和亲戚眼中的剩男剩女，他们总是跟你说别挑了，找个差不多的就行了。于是在父母的张罗下，给你找了个相亲对象。条件般配，人也不错，你自己也觉得自己到年龄了，该稳定下来了，这时是否就该按照父母的想法赶紧结婚呢?

婚姻大事,拿主意前需要理性思考,你可以把自己的结论和原因写下来,例如:和相亲对象结婚,原因是30多岁了,身边的好朋友也都结婚了,不忍心看着父母为自己操心……

然后你想象自己变成了"对方辩友",把你的结论和理由一个个推翻。例如:

是谁规定什么年龄一定要做什么事?结婚是一种义务吗?是为了自己还是为了爸妈?不结婚为什么会成为大家眼中的一种残缺?

当对方辩友把这些充满火力的问题抛给你时,你再理性思考一番。

如此一来一回,在辩论中会把问题了解得更清楚,也能防止你在关键时刻头脑一热,做出错误的决定。

小总结

生活中,我们常常受到偏见、谬误的影响,这和我们的大脑息息相关，因为直觉思维系统会影响理性思维系统的判断。

其实，涉及衣食住行等98%的日常决策，你都可以使用直觉思维系统来做决策，但是有关人生大事的决策，你一定要发挥理性思考的能力。一方面可以多听周围人的建议，另一方面，你可以采用"头脑虚拟奇葩说"的方式，让自己理性思考。

想一想

请想一想，你在做什么事情的时候是比较有偏见的呢？你是否用过什么方式来帮助自己降低偏见呢？

Section 12

决策失误感到后悔,怎么办?

生活就是一连串的选择题,小到外出购物、周末去哪儿玩,大到职业生涯规划、婚姻恋爱。从某种意义上说,你现在是谁,活得怎么样,是你过去所有选择累加的结果。

如果现在让你回忆一下,在过去所有的决策中,是否有一些让你感到后悔遗憾的选择?我相信每个人都能说出一大堆。比如:

"真后悔当初选专业时,没选自己喜欢的艺术类。"

"真后悔放弃了对自己那么好的一个男生,可惜现在再也回不去了。"

不仅仅是这些过去很久的事情会让你感到后悔，哪怕就在今天，你去商场买了一件衣服，回来之后发现网上同款的衣服更便宜时，你可能都会哀叹自己买亏了。牌桌上有句话叫"买定离手"，意思是确定了就不再反悔。通常的情况是，我们的手收回来了，心却飘走了。总是想着如果做另外一个选择，结果会不会更好。

这个世界上有没有后悔药？

为什么我们比较来比较去，好不容易做了一个选择，总是会感到后悔呢？有什么方法可以减轻这种遗憾的感觉？下面我们就来聊一聊决策中经常出现的现象——"后悔"这个话题。

前一段时间，我和太太在网上给孩子买了可随年龄调整高度的成长书桌，收到货之后发现，完全不像宣传网页上描述的那样。太太抱怨我说："哎，这次网购真是太失败了，都怪你，当时我说去商店买另外一个牌子，你不听。"我也很后悔，虽然可以退货，但一想到要打包寄送，就感到心累。

像我这种知道了决策结果之后产生的后悔，在学术上有一个专有名词叫"决策后悔"（postdecision regret）。相对应的，还有一种后悔叫作"预期性后悔"（anticipated regret）。什么意思呢？举例来说，你逛商场时看中了一件毛衣，买单之前，你心里就在想，这件毛衣好是好，其他店应该能找到比这款性价比更好的，网上买的话说不定更便宜。这就是预期性后悔。也就是说，做决定之前就已经后悔了。

心理学小科普

预期性后悔对人的影响有两个方面，有些人会因预期性后悔而产生行动，有些人则会因为预期性后悔而不去行动。一篇综述分析的学术文章发现，当一个人担心自己做了什么，之后会后悔，就会降低做这个行为的意图，行为频率也会下降；但是当一个人担心自己若不做什么，之后会后悔，就会提升做这个行为的议题与行为频率。在这个综述分析中，也发现预期性后悔对行为的影响超乎先前的想象，甚至比起预期产生的负面情绪或是风险评估，更能预测一个人是否会做出某些行为。

荷兰蒂尔堡大学（Tilburg University）教授马歇尔·吉伦堡（Marcel Zeelenberg）做了很多与"后悔"相关的研究，从研究结果中，他也发现善用预期性后悔，或许更能让人们会想要做某些事情，或不做某些事情。关键就在于，人们面对后悔的时候，相较于面对选择，能更理性地思考。

一个是决定之前，因为有其他可能性而感到后悔；一个是看到结果不如人意，然后感到后悔。为什么不管是决定前，还是决定后，我们都会感到后悔呢？背后的原因又是什么？在了解具体原因之前，先来看一道选择题。

假设你现在有两个工作机会：A工作薪水不错，福利待遇也好，工作环境舒适，唯一缺点是升迁空间不大，也就是说这里一个萝卜一个坑，你能一眼看到10年后自己的样子；而B工作薪资一般，基本没有福利，但是行业发展非常快，会有很大的个人上升空间，如果公司发展得好，也会有更好的回报。一个稳定而高薪，一个极具潜力和可能性，这两个工作机会同时摆在你的面前，你会选哪一个？

可以肯定的是，不论你最终选择哪一个，你都清楚地意识到自己放弃了一些东西。选择了稳定，也就失去了无限可能；拥抱了可能性，也就失去了安稳的生活。这就是机会成本，为了做出一个选择，而丧失其他的可能性。这种丧失的感觉会影响你的心情，也更容易让你在事后感到后悔。

此外，还有一个重要的影响因素，那就是"反事实思维"（counterfactual thinking），在心理上对过去的事情加以否定，并设想出一种新的可能性。比如你跟朋友约了晚上见面，出门时发现时间有点紧，走去搭地铁怕来不及，就叫了辆出租车，没想到堵了一路，结果迟到一小时。当你心急如焚地坐在出租车里时，心里想着"如果去搭地铁就好了，要是搭地铁早就到了"。在这个例子中，"坐出租车遇上堵车"是事实，而"搭地铁不会迟到"就是反事实。

反事实思维，是我们在大脑中虚拟了一个假设的结果，拿它和现实做比较。它是可能发生，应该发生的，但实际上并没有发生。当你拿这个假设的结果与现实结果做比较，如果它比现实结果好，你就会觉得现实更加糟糕，于是陷入后悔的负面情绪之中。

所以，当你受到机会成本的影响，忘不掉其他选择的好处，再加上反事实思维中理想和现实的对比，就更加火上加油，后悔不已了。比如年假出门旅游，你放弃去最近很热门的旅游景点打卡，选择跟朋友去海边度假，回来之后，反事实思维就开始运作了，这趟旅行要是吃的方面再好一点就好了，要是再多几间有意思的商店就好了……。在评价一个决定时，每一个反事实思考都意味着增加一点后悔。

既然我们已经了解决策后悔这种情绪的来源，那么，无论决策结果好还是不好，如何才能让自己心态平和地接受呢？下面就送上两剂治疗后悔的药。

避免社会比较

第一剂后悔药是"避免社会比较"。随着互联网的发展，我们的社交半径急速扩大，微信朋友圈里的好友清单基本都有上千个，看着大家在朋友圈里晒生活，也让每个人有了更多的比较心理。

过去你学习成绩好，是班上第一、学校第一，这是一件非常值得骄傲的事。但你的成绩放在全区、全省乃至全国当中去比较的话，就差强人意了，考第一的喜悦也会被冲淡很多。小时候和同学比成绩，成年之后和他们比薪资、比头衔、比存款，比较无处不在。

再加上比较标准的提高,你会更在意自己的决策结果,也更容易感到不满足。为什么现在那么多女性对自己的身材感到不满意,对自己的皮肤不满意,一个很大的原因就是,她们所比较的对象,已经从邻居变成了那些被精心美化的明星宣传照。

少一些比较,就多一些满足。要拥有不被外界打扰的能力,就少关注他人,把注意力更多地投入让自己感到快乐的事情上。

学会满足

除了减少和外界比较,你更需要的是自我满足的能力。所以这第二剂后悔药就是"学会满足",提醒自己另外一种选择可能更糟糕。

当你在做选择的时候,你的目标是非得找到最好的那一个,还是足够好就行了?

如果你是完美主义倾向,只能接受最好的,你就会花费更多的精力进行选择,也更容易感到后悔;而如果足够好对你来说就可以了,那你会更容易感到幸福。

除此之外,要记得不要拿理想的假设与糟糕的现实进行比较。理想很丰满,现实却很骨感,这时你需要提醒自己的是,用头脑中不切实际的幻想和现实相比并不公平,另一种选择可能会更糟。

以我自己为例,在我刚回家乡找工作的时候,其实有几个不同的机会摆在我面前,只是那时我有另外的考虑,所以后来都没有发出应聘的申请。现在看到当时同期的朋友,在资源比较丰富的学校,有了不错的发展,偶尔我还会有点遗憾,觉得是自己当初决定放弃这样的可能性的。但是,从另一个角度去思考,或许也就是因为在一个比较多元的环境,我才有机会发挥自己的创意,当个非专职的大学教师。

每个选择肯定都有得有失,我们要学习做一个满足者,从事件的本身去寻找积极意义,而不是惋惜自己所失去的。就像你去钓鱼,如果没有使用美味的鱼饵,怎么能引诱鱼上钩呢?若是你一直惦记着自己少了些鱼饵，而不是从容享受鲜美的鱼，那就真是太可惜了。

小总结

当选择成为日常，用什么样的心态来面对选择，就显得尤为重要。做出选择，就意味着要付出机会成本，而沉浸在理想状况的幻想中，只会加深你的不满。要正向看待自己的每一个选择，减少外界的比较，尽量追求"足够好"，而非"最好"。

决策是一门学问，它是一种比较和取舍的能力，也是一种处理不确定性的能力，需要你在具体的选择中一次次练习。

想一想

最让你感到后悔的一个决定是什么，你有尝试过什么方法进行弥补吗？现在你还在后悔吗？

PART 3

成长焦虑

你是真的自己想要变得更好,还是因为别人的期待,才会努力让自己长大的呢?没有人能决定你该变成什么样子,只要你满意自己现在的样子,你就不会感到焦虑。

Section 13

什么年龄该做什么事?
不,你要活在"个人时钟"里

生活中,你是否经常听到有人对你说这些话?

"趁年轻,赶紧找个条件好一点的对象,年龄越大越不好找。"(这是催你谈恋爱找对象)

"差不多就行了,别太挑了,30多(岁)该成家立业了。"(这是催你赶紧结婚)

"别只顾工作,该考虑生个孩子了,早点生,我还能帮你们带一带。"(这是催你赶紧生孩子)

"都一把年纪了,还折腾什么,好好做你现在这份工作就行了,你以为创业那么容易啊,赔进去怎么

办。"（这是劝你老实生活，别瞎折腾）

你发现了吗？这些话中都有一个关键词，那就是"年龄"。年龄好像有个保鲜期，赶不上就过期了。30岁之前就应该结婚，过了这个年龄就成剩男剩女，不好找对象了；35岁之前就应该生孩子，过了这个年龄就很难要小孩了；成家立业以后，就不应该瞎折腾了。我们好像被年龄框定了活动范围，一旦你想做一些在世人眼中不符合你年龄的行为，周围的人就会关心提醒你这个年龄应该做什么，不应该做什么。

为什么我们总是被要求什么年龄就该做什么事呢？如何才能不被年龄限制，活出自我呢？

有一次，以前带过的一位毕业生回学校看我，跟我抱怨从他25岁以后，时间好像加速了，工作、恋爱、结婚，都要赶在几年内完成，只要有一件落在别人后面，身边的亲朋好友就会轮番上阵，做你的人生导师，提醒你，建议你，好像你的人生已经岌岌可危了。

确实，我们每个人多少都承受着这样的压力，而这种压力在心理学上被称为"社会时钟"(social clock)。

社会时钟这个概念,最早是由美国的三位心理学家在 1965 年提出的,指的是我们所处的社会文化形成的一种约定成俗的人生节奏,社会中的每个个体都会有意无意地遵循这种节奏。

心理学小科普

社会时钟是伯尼斯·纽加顿教授(Bernice Neugarten)在 1965 年与另外两位学者乔安·摩尔(Joan W. Moore)与约翰·罗文(John C. Lowe)一起提出的。虽然社会时钟谈的是人们在几岁时该做哪些事情,但是纽加顿教授在提出这个理论时,就明确表明社会时钟会受到社会、文化的影响,而不是四海皆同的。

纽加顿教授长期研究成年人的发展状态,她曾任美国老年学学会的会长,也入选过美国艺术与科学学院院士,获奖无数,其中最主要的就是美国心理学会颁发的终身成就金牌奖。另外,她所任教的美国芝加哥大学,也因为她在老年学做出卓越的研究成果，用她的名字来命名一个老年学的奖项名称。

简单来说，就是什么样的年龄，该做什么样的事。

比如我们通常是3岁进幼儿园，六七岁就开始读小学，18岁的时候上大学，22岁或23岁开始工作，28岁左右步入婚姻，30岁至50岁拼命赚钱，经营家庭，然后在60多岁的时候退休。

在社会时钟的节奏下，我们的一生被划分为若干阶段。它对每一个人生阶段都提出了具体而严苛的要求，使我们置身于一张几乎密不透风的时间表中。一旦没有跟上"社会时钟"的节奏，有了"社会时差"，就免不了要面临"被催"的命运。在这样的外在约束下，很多人会自觉或不自觉地配合社会时钟的节奏，以至于年龄成为当代人终生的焦虑来源。

其实社会有社会的大钟摆，我们每个人也都有自己的小时钟，可能早一点或晚一点。我们一定要整齐划一地跟着社会时钟生活吗？如何才能摆脱年龄焦虑？下面有两个原则供大家参考。

自设人生进制，活在自己的时区

第一个原则是自设人生进制，活在自己定义的个人时区中。

我们总是在追赶一些东西，以为自己比别人慢几步，就跟不上周围人的节奏了，内心产生深深的焦虑和不安。其实这种担心是多余的，因为你没有落后，你只是活在自己的时区中。

网络上有一支流传很广的影片，里面有一段话，"纽约时间比加州时间早3小时，但加州时间并没有变慢"，我觉得非常有道理。有人22岁就大学毕业，但等了5年才找到好工作。有人25岁就当上CEO，却在50岁的时候去世了；也有人直到50岁才当上CEO，然后活到90岁。有人依然单身，同时也有人已婚。世上每个人本来就有自己的发展时区。

身边有些人看似走在你前面，也有人看似走在你后面，其实每个人在自己的时区都有自己的进程。不用嫉妒或嘲笑他们，他们都在自己的时区里，你也是！生命就是等待正确的行动时机。所以，放轻松，你没有落后，也没有领先。在命运为你安排的属于自己的时区里，一切都准时。因此，你没必要太在意社会时钟，只需要在自己的个人时区中安排好自己的时间即可。

我想跟大家分享一个自设人生进制，活在自己时区的故事。三浦公亮是一位大学教授，同时，也是一位天体物理学家。因为沉迷折纸，他把大部分的时间和精力花在折纸上面。以世俗的眼光来看，他这是在浪费自己的专业才华，甚至有些玩物丧志。可是对于三浦公亮来说，他是真的热爱折纸，并全心投入折纸领域进行研究，后来他发明了一种以自己名字命名的魔术折纸法。

拿出一张 A4 纸，按照三浦折叠的折法，展开后就像棋盘一样，一格一格是若干个平行四边形，如果你轻轻一推，整个棋盘又能轻松收拢并折叠在一起。三浦折叠的神奇之处就在于，无论在折叠还是展开的过程中，折叠中的每个平行四边形始终不弯折，完全保持平坦。这项发明被应用在很多领域，让无数人受益匪浅，不管是航天用途上的折叠式太阳能板，还是医学上的人造血管支架，都得益于三浦公亮当年不走寻常路的奇思妙想。

如今也有很多年轻人，希望像三浦公亮一样，尝试另外一种生活，但只要稍微一出格，你现在拼搏得来的一切就会响起警报，提醒你是否已经准备好放弃已经拥有的生活。在自己不确信的同时，再加上外部的质疑声，很多年轻人就又退缩回去了。

我在英国约克大学读博士的时候，认识一位正在念硕士班的同学。当时他的年龄比我大很多，快40岁了，但他对学术研究很感兴趣，而且成绩也不错，有意申请读博继续深造。他的导师跟他说："你的年龄已经不小了，如果再念博士，毕业之后年龄会更大，去找工作的时候会没有竞争力。"但他并没有因为质疑而退缩,也不认为年龄是自己学术研究路上的一个障碍。经过一番努力,他申请去伦敦大学读博士,并顺利毕业,几年之后,因研究成绩突出,回到英国约克大学做教授。

我经常拿他的故事鼓励我的学生,梦想不应该被年龄限制,想要就去追求。要想在自己的个人时区中活出精彩人生,最重要的是不要过分谨慎,要有勇气与众不同,不在意周围异样的眼光和评价。

拓宽眼界,多和异类为伍

第二个原则是拓宽自己的眼界,多和异类为伍。这里所说的"异类",指的是那种常人眼中不走寻常路的人。

当你见识了那么多人不同的选择,以及他们的可能性,你对待不同事物的包容性也就越强。所以我在学校上课的时候,就特别推荐学生多读传记类图书,多去认识不同的人，他们的经历会给你带来不同的启迪。

在我的生活圈中，我虽然会遇见一些特立独行的学生，不过并没有经常遇上所谓的异类。有一次因为要去听我喜欢的歌手赵咏华演唱（她是那场演唱会的特别来宾），而认识了音乐制作人王若涵。她个性较西式，又具备一些东方的美德，总之是个有点冲突的人。她最让我敬佩的一点，就是除了有音乐方面的专长，她每年都还要求自己学习一个新的技能，从做甜点到织毛线、制作保养品，到过去一年在学习韩文。她不是走马观花地学习，而是达到了职业水平，实在令人敬佩不已。

如果你身边也有这种"不走寻常路"的朋友，你就不会觉得自己很孤单、很另类，更能坚信自己的选择是对的。你喜欢单身，他们不会劝你非得结婚，反而可以跟你聊聊如何为自己购买保险，如何安排好老年生活；你喜欢游戏，他们不会觉得你不务正业，反而可以跟你探讨游戏产业和文化。

小总结

年龄只是生理上的一种衡量,不要让它成为心理上的一道坎。即使有约定俗成的社会时钟,但每个人也有可以自己定义的个人时区。

不要因为年龄而否定自己。年龄,从来都不会成为你的障碍。捆绑你的,是你对年龄的恐惧感,没有勇气去追求幸福。无论你处在什么样的年龄,都依然拥有人生中的无限可能。

想一想

你对年龄有什么看法?目前你有什么想做的事情吗?不去做的原因又是什么?

Section 14

你离找到真实的自己还有多远?

小时候,你可能听过这个神话故事:

传说中的狮身人面兽斯芬克斯(Sphinx),一直守在一个山崖口,用一个谜语刁难路过的行人。这个谜语的谜面是"什么动物早晨用四只脚走路,中午用两只脚走路,晚上用三只脚走路"。行人一旦答错,马上就会被吃掉;如果回答正确,斯芬克斯就会从山崖上跳下去。很多人都没猜出来,直到俄狄浦斯参透了谜底,他回答说是"人"。因为人刚生下来时,用手和脚匍匐着爬行,长大以后用两只脚走路,年老以后拄上一根拐杖，就成了三只脚。俄狄浦斯猜对这个谜语后，斯芬克斯跳崖而死。

这个故事之所以流传下来，我想不仅是因为这个谜语类似智力游戏，让人印象深刻，还因为它背后所蕴藏的哲理引人思考，那就是：人到底是如何发展起来，我们又是如何认识自己的。

我是谁？我来自何方？将向何处去？

认识自己是一个终生的难题。我在中国台湾辅仁大学教书的这些年，和学生谈心时，经常会听到他们说："老师，我不知道自己应该追求怎样的人生，成为一个怎样的人，甚至有时候都感觉不认识自己了。"

我还记得有一个女生很沮丧地跑来跟我说："扬名老师，我有时候很爱干净，有时候又很邋遢；有时候感觉自己充满魅力，有时候又觉得自己一无是处；有时候觉得自己无所不能，能够解决一切难题，有时候又束手无策,胆小逃避。到底哪一个才是真正的我呢?"

"这些都是你啊,你是所有这些'我'的总和。之所以你觉得不认识自己,不知道自己的未来在哪里,是因为你还没有完成一个重要的人生发展任务,那就是自我认同。"我笑着跟她说。

苏格拉底曾说:"认识你自己。"老子在《道德经》里说:"知人者智,自知者明。"直到现在,人类对"自我"的探索也从未停止。自我认知,是我们每个人一生中必须面对的最重要的课题之一。

历代心理学家也在努力研究这个课题。其中著名心理学家埃里克·埃里克森(Erik Erikson)提出了心理社会发展理论(psychosocial developmental theory),亦称人生发展八阶段理论。这个理论把人一生的成长分成8个阶段,包括童年、青春期、成年和老年等。这就好比一部自传体电影,从出生起,你就拿了一份属于自己的人生脚本,在不同的阶段扮演着"孩子""学生""工作者""伴侣""父母"等人生角色。每一个阶段,你都会遇到一个心理上的危机,如果能顺利度过,你就会获得一种新的、更成熟的心理质量,人生也会顺利进入下一个阶段。如果没有度过这个危机,它就会在下个阶段重现,提醒你去补课。

心理学小科普

埃里克·埃里克森的人生发展阶段理论,虽然是在20世纪50年代提出的,但迄今为止还是被广泛接受的人生发展理论。因为埃里克森本人师从安娜·弗洛伊德(Anna Freud),所以这个理论其实有着浓厚的精神分析基础。如若认为没有办法解决某个阶段的冲突,就会停滞不前。不过,有别于弗洛伊德认为一个人的发展在青春期就完成了,埃里克森认为人的发展过了青春期,还是会持续发生。

有点可惜的是,埃里克森没有针对65岁以后的人再进行细分，可能他在1994年逝世之际，全球老年化的现象还不严重，还没有这样细分的必要。但是，现在不仅联合国已经把老年人又细分为年轻老人（60~74岁）以及老老人（75岁以上），全球最大的老年组织AARP（乐龄会）也在2018年的一份研究报告中，以每5岁为一个区间，分别定义60岁以上的人有哪些不同的心理需求。

目前社会上大多数人都面临着青春期阶段发展任务延后的问题，以至于很多人在成年之后仍然不清楚自己是谁，喜欢什么，要过怎样的生活。因为还没寻找到自己，所以备感焦虑与迷茫。青春期的发展任务是什么？而这种延后给成年期带来的影响又是什么呢？

埃里克森认为，青春期这个阶段要开始尝试回答我是谁、我来自何方、将去向何处这些问题，重要任务是形成自我同一性（自我认同），对自己是一个怎样的人，有一个相对稳定的认知。比如，你比较清楚地知道自己的底线和价值观是什么，喜欢和什么样的人交朋友，未来会选择什么样的职业，等等。否则就会出现认同危机，产生角色混乱。

举个例子，我认识的一位年长的艺术家朋友，他从很小就开始画画，大概 10 岁的时候，他就默默地对自己说要画一辈子的画。他很早就知道自己未来要走的路，尽管受到家人的反对，但一路都在坚持。在我看来，他早就完成了自我同一性，对自己有非常清楚的认识，知道自己这一生的使命是什么。

加拿大心理学者马西亚（James Marcia）在埃里克森理论的基础上，进一步探讨了青少年的自我认同，并根据探索和承诺两个维度（当你遇到阶段性的危机后，你去探索努力的程度和认真去做的投入程度），把自我认同分成四种不同状态，分别是：他主定向型、认同迷失型、延期未定型、认同达成型。

（1）他主定向型（identity foreclosure）

过早确认了自我认同，几乎没有怎么探索，就已经投入并付诸行动。比如有的人因为父母是医生，觉得自己未来也应该当医生。他根本没有去试过其他可能性，也不知道自己到底喜不喜欢从医，就早早对自己的未来职业有所定位。这样做的好处是很早就达到了自我同一性，缺点是这种确认并不牢固，一旦面临失败或者负面评价，就很容易自我怀疑。

（2）认同迷失型（identity diffusion）

既不了解自己，也不关心这些问题，处在一种得过且过、走一步看一步的状态中。

（3）延期未定型（idengtify moratorium）

非常努力地探索自我，但还没有得到答案。很多人都有过这样的感受，尝试了各种不同的工作，好像还是没有找到自己真正的热情所在，因此会感觉到焦虑和迷茫。

（4）认同达成型（identity achievement）

经历过各种尝试和探索之后，对自己有了清晰的认识，确定了未来的人生方向和目标，即使碰到困难和挫折，也不会轻易动摇。

那该怎么做才能早日找到自己呢？下面介绍的两种方法，可以帮助你一步步靠近自己，加深对自己的认识。

多跨界，多尝试

第一种方法是做"斜杠青年"，多跨界，多尝试。

前面我们已经了解到，自我认同是在不断探索和尝试的过程中逐渐获得的。那么，你在成长过程中就要多尝试。

不确定自己喜欢什么样的职业，可以多去了解不同的工作领域，找到最能发挥自己优势且自己最喜欢的工作；不确定自己和什么样的人相处最意气相投，就多交些不同类型的朋友，寻找与自己最投契、最匹配的那一类；不确定什么样的伴侣最适合自己，那就多谈几场恋爱，在接触和互动的过程中，选择最适合自己的那一位。

尝试的过程中，无论你喜欢还是不喜欢，无论成功还是失败，你都能在这个过程中加深对自己的认识。

就像日本著名设计师山本耀司所说的，"自己"这个东西是看不见的，撞上一些别的什么，反弹回来，才能了解"自己"。在不同的经历中，你才能渐渐地看清自己内心的面目，找到那个真实的自己。

国外的教育中有"空档年"（gap year）的传统，鼓励青年在高中毕业之后，在去工作或念大学之前做一次长期旅行，体验不同社会环境的生活方式。我在英国读书的时候，发现同学几乎都有过空档年的经历，有的是去非洲协助宣传医疗卫生知识，有的是到东南亚地区教当地孩子学英语，各式各样的都有。他们在游历的过程中，增进了自我了解，从而找到自己真正想要的人生方向。

如果条件允许的话，你也可以给自己放个短假，去尝试自己梦寐以求、想做却一直没做的事情，并收获其他的可能性。

接纳现在的自己,继续探索可能的自己

在寻找自我的过程中,一部分人因为没有去尝试,以至于有他主定向或者认同迷失,还有很多人是延期未定,即努力尝试了,但还是没有找到。如果你是这种情况的话,建议你不妨试试第二种方法,即接纳现在的自己,继续探索可能的自己。

成长是一个螺旋上升的过程,找到自己,获得自我认同这项任务,有可能会持续终身。即便你在某一个阶段感觉对自己有了比较清晰的认识,但在下一个阶段,遇到一些变化或冲突,你又会出现新的可能。比如工作上的调动,或者遇上结婚生子这种人生大事,你就会重新置放自己的角色。

所以,当你觉得好像还没有找到真实的自己时,不要过于焦虑。现在的你,背后丢失过无数个可能的自己;未来的你,正在你的尝试中,愈加清晰。重要的是,在这个过程中,学会对自己负责,在不断的选择中活出自己。

小总结

著名的心理学家荣格（Carl Gustav Jung）曾经说过："每个人都有两次人生，第一次人生是为别人而活，第二次人生是为自己而活。"曾经我们不停地把自己交出去，活在各种角色中，现在你要做的就是找到内心的那个自我，活出自己。

在寻找自我的这条路上，或许并没有终点，你不必因为曾经的他主定向、认同迷失或者延期未定而感到恐慌，请接纳现在的自己，并向未来的那个"自己"，一点一点地靠近。

想一想

你在寻找自我的路上发生过哪些特别的事情？

Section 15

撕下标签，你的人生你说了算

不知道你有没有留意过，无论你是有意或无意，生活中的我们总是喜欢给别人贴标签。

我们常常会根据第一眼看到的身材样貌，给他人贴上外貌标签；通过与人交流、观察行为，给他人贴上性格标签。比如，看一眼一个人的社交软件头像，就觉得这个人好"油腻"；浏览一个人的微信朋友圈，就觉得这个人好像没见过什么世面；听一个人说自己是四川人，就觉得他应该很能吃辣；知道一个人是处女座，就认为这个人一定有洁癖、爱吹毛求疵。相对地，就在你给别人贴标签的时候,其他人也正悄悄地在你身后贴标签。

与此同时,我们也会因为某一件事给自己贴标签,比如认为自己是拖延症患者,觉得自己不够聪明、没有上进心等等。为什么我们这么喜欢贴标签?如何才能不让标签影响你的成长呢?这堂课我们就来聊一聊"贴标签"这件事。

当贴标签成为一种日常

我们就像一个熟练的流水线作业员,从看到、听到、觉察到的那一刻起,不费吹灰之力就把标签贴在他人和自己的身上。但有时候我们也会贴错。比如,你看到一个体重破百的大胖子,就觉得他一定很笨拙,没想到他竟然身段灵活,华尔兹跳得行云流水一般;你看到公交车上一个年轻人没给老年人让座,就认为他很自私,一点公德心都没有,却不知道他通宵加班,在椅子上睡着了，根本没看到前面的老人。

既然贴标签会出错，为什么每个人都还在贴呢？

说到这里，就不得不说说我们的大脑。大脑每天要处理各种各样复杂的信息，为了节省认知资源，在长时间的进化过程中，大脑就形成了一个"经济法则"，也就是用最少且最经济的方式迅速判断事物，所以就有了快速省力的模式——贴标签。

举例来说，生活中对我们最重要的总是那一小部分人，比如你的家人、亲密的朋友，你会花时间去了解他们、认识他们，至于其他和你有短暂交集的人，你只会简单了解一下，以便节省认知资源去认识其他新人。这时候你给他们贴上豪爽、可靠、双鱼座乖乖女、巨蟹座暖男等标签，是最快最省力的。当我们对某一类人有了大致判断，形成一个模板和框架后，下次再遇到类似的人时，只需要把他也塞进这个归类中就行了。所以，"贴标签"是人类为了节约认知资源，慢慢进化出来的能力。有限的认知资源，会让我们不可避免地给别人"贴标签"。

当贴标签成为一种日常,它会给我们带来什么影响呢?心理学上有个词叫作"标签效应(effect of labelling)",意思是,当一个人无论是被自己还是他人贴上一个标签的时候,潜意识里就会向着标签上的方向发展。

再举个例子,当一个孩子经常听到爸爸妈妈对他说:"你怎么这么笨,这么简单的题目都不会做,自己连这一点小事都做不了!"长此以往,他就会在内心给自己下一个判断:"我就是很笨",日后碰到其他稍微有点困难的事情,这个标签就成了一种心理暗示,"反正我不聪明,一定也会做不好",阻止他去努力尝试。

同样地,如果你给自己贴上拖延症患者的标签,这个特征只会在你的身上越来越明显。因为当你拖延的时候,它就会成为一个理由,毕竟你都已经自称是拖延症患者,没按时完成也就显得名正言顺了。

前面我举的两个例子，都是不好的、负面的标签。如果是正向的、积极的标签，会怎样呢？如果有人夸你脾气好，你是不是就很难再对他生气？有人夸赞你的服装很有品位，你是不是出门之前，会更加在意穿衣搭配呢？

所以，无论是"好"是"坏"，标签对一个人的自我认同都有着强烈的导向作用。当你被贴上的是积极的标签，产生的影响就是正面的；如果被贴上的是消极的标签，那么产生的影响就是负面的。也就是说，给一个人"贴标签"，往往会有暗示作用，会引导一个人往"标签"所暗示的方向发展。

心理学小科普

标签化对人的影响非常大，就连在填写智力测验前勾选自己的种族，或在做记忆测验前勾选年龄，都会对我们的行为造成影响。绝对不是那种人们主观意识到的标签，才会对自己造成影响。所以，你应该检视一下，自己是否有在无形中被影响的经验。是不是哪次被专柜小姐叫帅哥、美女，心情就大好，接着钱包就失守了。除了个人层面的标签化之外，也有整个社会层面的标签化。

在信息爆炸的年代，标签化的影响越来越严重，人工智能以及深度学习，更是助长了标签化的发展。你我都该提醒自己，不要过度仰赖标签化的产物，星座运势就是其中一种。毕竟每个人都是独特的，怎么可能用几个标签，就把所有人都做了分类呢？

贴标签是一把双刃剑，它既可以督促你的成长，也有可能压抑你的成长。想想看，我们在成长的过程中，被别人和自己贴了多少标签？好的、不好的，牢固的、松散的，它们都在无形中影响了你，塑造了你。

那么，我们应该如何看待"被贴标签"这件事呢？怎样做才能不被标签限制，避免贴标签的消极作用，并发挥它的积极作用呢？接下来我们就按这两部分介绍具体的做法。

发挥贴标签的积极作用

第一部分，我们先看如何发挥贴标签的积极作用。

多给自己贴正向标签

如果你想让自己变成你希望的样子，你就多给自己贴正向标签，也就是多鼓励自己，激发出你想要的特质。比如你脾气有些暴躁，想变得有耐心一些，就给自己贴上耐心的标签，告诉自己遇到事情耐心一点，再耐心一点，在这种心理暗示下，你就会有所改变。

心理学研究告诉我们，这种类似贴标签的做法，对人的影响真的很大。其中南加利福尼亚大学的研究就发现，如果老年人在做记忆测验之前，阅读了老化会损害记忆力的假新闻，在后续的实验中，他们的记忆表现就会受到影响。如果记得一个字就会获得奖赏，他们因为觉得老了记性会变差，相较于没有读文章的老年人，记下的字就会比较少；但是，如果忘记一个字就会获得惩罚，这些读过文章的老年人，反而会想要证明自己记性没有那么差，表现会比没有读文章的老年人好。除了记忆之外，也有研究会诱发人们原谅这种特质，同样也有发现，在人们回想自己曾经原谅别人的一个经验之后，行为举止就会比较有道德感。

此外，在一些社交平台上，也会用这种贴标签的行为，来增加使用者的黏着度，或促使他们更容易展现特定的行为。简单举个例子，各位可以想想，你是不是某个脸书粉丝页的头号粉丝呢？当你成为头号粉丝之后，是不是会对你的行为产生影响呢？

多贴正向标签，在某种意义上，和成长型思维这个概念很类似，也就是认为人的能力是可以努力培养的，万事万物都可以通过自己的参与得到改变。不管是对自己还是对他人，你越正向，就越能拥有积极的改变力量。

减轻负面标签带来的影响

保留正向标签的同时,也要勇敢撕下身上的负面标签。接下来第二部分,我们一起来看看,如何减轻负面标签给你带来的影响。

避免折磨自己,给自己贴负面标签

当你开始贴下否定标签时,给自己留个 5 秒钟,想想看,自己真的是这样吗?这样对吗?

比如你对自己说:"我就是一个性格古怪的人,所以没有人会喜欢我。"当你意识到自己正在把"性格古怪"这个标签往身上贴的时候,请先暂停一下,想一想:

什么叫性格古怪?它的定义是什么?表现是什么?我真的有这些表现吗?

别人对性格古怪的定义是什么?会如何对待这样的人?

当你回答完这些问题之后,就会对自己有新的认识,自然而然就会停下贴标签这个动作。

勇敢说不,撕下身上的负面标签

有时候我们能控制住自己,不给自己贴负面标签,却管不了别人,又该怎么办呢?虽然我们无法阻止自己被贴标签,但是我们却可以决定自己如何看待这件事。也就是说,别人给你贴上负面标签,你可以不接受,甚至把它勇敢地撕下来。

个体心理学有个"课题分离"(separation of subjects)的概念,是由著名心理学家阿尔弗雷德·阿德勒(Alfred Adler)提出来的。它的意思是,分得清哪些是自己的课题,哪些是别人的课题,做到互不干涉。套用网络上流行的一句话,"关你什么事,关我什么事",各自做好自己的事,就很好。在面对被贴标签这件事时,你也可以用同样的态度,他贴是他的行为,与你无关,只要你不接受,就对你一点影响也没有。

小总结

有意无意，我们都喜欢贴标签这个游戏。贴标签这件事并不一定是不好的，如正向标签，就对一个人有好的影响。此外，有一些标签对人的影响，会受到情境的不同，可能产生好或不好的影响。如果你不喜欢别人帮你贴标签，你也可以想办法摆脱标签的束缚，照你的意思，活出自己的样子！

想一想

你曾经给自己贴过什么标签，这对你又有什么影响？

Section 16

内向的人,该怎么活在人人皆主播的年代?

你了解自己的性格吗?

或许你会说:"我是外向的人,热情开朗,朋友很多。"也可能你会说:"我是内向的人,安静内敛,喜欢独处。"又或者说:"我的性格介于内向与外向之间,属于中间型性格。"是的,我们每个人都会不自觉地给自己的性格贴上标签。

我再问你一个问题,不同的性格有好坏之分吗?

有不少人可能会认为,性格外向一点会更好,因为外向的人更受欢迎。尤其现在是"人人皆主播"的年代，外向的人巧舌如簧，激情四射，日进斗金。

那么，性格内向就真的不好吗？内向的人该如何正确认识自身的优势，发挥内在力量获取成功呢？其实，无论是外向或内向，性格没有好坏之分，只是有所不同。

下面我们就先来了解内向与外向性格的区别以及内向性格的优势。

内向和外向的概念，最早是由著名心理学家卡尔·荣格提出的，他认为内向与外向的区别在于，跟周围世界发生联系时，人的兴趣及关注的点不同。外向的人更加关注外部世界，容易被外界的人和事所吸引，喜欢参加聚会，通过社交为自己充电，提升能力；而内向的人则更加关注内部世界，往往被内心想法和感受吸引，注意力主要集中在意义的追寻上面，倾向通过独处、思考来获取能量。也就是说，外向的人偏爱广度，内向的人偏爱深度；外向的人爱社交，内向的人爱思考。

在美国著名研究者玛蒂·兰妮（Marti Olsen Laney）博士的《内向心理学：享受一个人的空间，安静地发挥影响力，内向者也能在外向的世界崭露锋芒！》（The Introvert Advantage: How to Thrive in an Extrovert World）一书中，对内向与外向性格的区别做了更具体的描述。

首先，面对外界的刺激，内向的人一般会表现出比较强烈的反应，比如在公共场合发言，或者独自承担重要的工作任务，会产生明显的紧张和不安；而外向的人一般不那么敏感，相反地，他们会主动接触外部世界，甚至追求一些冒险刺激的体验，更喜欢待在需要人际交往的环境中。

其次，在精力的恢复上，内向的人像是一块充电电池，把他们放在人群和社交当中，能量会被快速消耗掉，他们需要的是安静地待在角落里给自己充电，所以内向的人喜欢独处，通过做自己喜欢的事情来获得满足感；而外向的人就像一块太阳能板，接触外界和参加社交活动，像是见到太阳一样，能够快速获取能量。因此，外向的人更喜欢热闹，在人群当中充满活力，一旦独处就会感到束缚和无聊。

最后，在深度和广度上，内向的人偏爱深度，外向的人偏爱广度。内向的人涉猎范围有限，喜欢在某一个领域做深入研究；而外向的人涉猎范围广泛，喜欢探索各种感兴趣的事情，但不太投入太多的时间和精力做深入研究。这种特点在人际交往上也有所反映，比如内向的人朋友较少，倾向与他人深入交往，而不仅仅是熟悉；外向的人则往往不满足于三两个知心朋友，更喜欢周旋于不同的朋友圈，同时也擅长处理各种复杂的人际关系。

由此可见，性格并没有好坏之分，内向者与外向者有着不同的个性特征，也有着各自的优势与弱点。内向的人，不必将自己与孤僻、敏感、脆弱等字眼捆绑在一起，因为内向者往往有善于思考、专注力强、同理心强和善于倾听等优势。

心理学小科普

玛蒂·兰妮博士擅长精神分析，是著名婚姻及家庭治疗师，特别关注内向者的性格，致力于推广内向者的优势，对象从成年人一直延伸到孩子。她自己本身是一个内向者，嫁给外向的老公已经超过40年，夫妻俩还合作写了一本书，谈外向者与内向者如何维持亲密关系，并探讨性格迥异的人要如何相处的问题。

近年来，有越来越多探讨内向性格的图书问世，也有不少在市场上获得了成功，如讨论高敏感特质、安静的力量，等等。其实每一种性格都有自己的特性，但究竟这些特性是优势还是劣势，取决于社会文化对于这些特性的认可。所以，真正的关键是了解自己的性格，并且思考自己的性格在所处的环境下，有哪些优势以及劣势，而不要随意被标签影响。

那么，在正确认识并且接纳内向性格后，我们该如何在最大程度上发挥性格的特质并赢得成功呢？其实答案很简单,就是要学会扬长避短。

扬长,利用优势的力量

我们先来谈谈如何扬长,利用优势的力量。

布置属于自己的"抽离区"

内向的人喜欢安静,爱一个人独处,你可以有意识地在家中或办公室,设立一块"抽离区",尽量把这个区域布置得舒服一些,让自己每次待在这个特别空间,都能够恢复能量,自我充电,从而更好地面对社会生活。

我就在办公室布置了一个属于自己的"抽离区",周边摆放的全都是我从世界各地带回来的米菲兔。每当独自坐在那里,被最喜欢的米菲兔包围,我就觉得内心很平静,就会抛开工作和生活中的各种烦心事,拿本自己喜欢的书,喝杯茶,就能很快满血复活。

潜心研究一个专业领域

内向的人在做任何决策之前,都会经过深思熟虑,一旦认准目标,便会坚持不懈,勇往直前。因此,内向的人可以尝试潜心研究某个专业领域,通过不断思考和深化,提出创新性的研究结论,逐步发展成为该领域的专家。

著名导演李安就是一个性格内向的人,他曾说过自己无数次被内向胆小的性格所困扰,但也正因为他坚持对电影的热爱,并在安静中思考和寻求灵感,所以我们在看他执导的影片时,总感觉剧情是在一种冷静的氛围中娓娓道来。这得力于他内向者的视角,剖析事件和人物另辟蹊径,最终呈现出让人震撼的效果。

追求高质量稳定的人际交往

内向的人自身是优秀的聆听者,心思细腻,又富有同理心,具有亲和力,往往会吸引真正的知己,建立亲密关系的朋友。因此,在人际交往的过程中,不必强求数量，过分重视交际技巧，而应该从心出发，慢慢经营，从而建立深度而丰富的关系，形成高质量且稳定的朋友圈。

我有位工程师朋友就很内向，他最大的乐趣就是坐在计算机前面写程序，他的话不多，即使参加聚会，也比较沉默寡言。但是他精通计算机，身边的人只要有计算机方面的问题，都会来找他帮忙解决。看似木讷的他，其实很善于察言观色，什么事都了然于心，如果有烦心事跟他聊，他总能几句话就说到重点。所以他看似不喜欢社交，朋友不多，但拥有的都是非常交心的朋友。

避短，正视并尝试克服劣势

接下来，我们再来谈谈如何避短。避短不是忽视劣势，而是正视并且尝试克服它，降低劣势对个人发展的影响。

内向的人，大脑中主导情绪的杏仁核更加敏感，一旦外在环境有变动，他们会很容易受到影响。为了避免受到外界环境的影响，建议你可以这么做。

事前多做推演

推演的意思是，做事情之前，脑子里可以像放电影一样，思考一下整个项目，尤其是各种突发情况要怎么应对。

在事前有通盘的考虑，一旦事情发展不如预期，就可以快速参考，避免陷入紧张慌乱的情绪中。比如你要在有管理高层出席的会议上做汇报，为了避免报告时过于紧张和慌乱，你可以提前拟好讲稿，自己先演练几次，对于高层领导可能会关心和问到的问题，要提前做好准备，让自己心里有个底，以便从容应对。

接受自己担忧焦虑的情绪

内向的人比较容易受到外界环境的影响，你需要从心里接受这点。遇到事情，不必急着快速做出反应，而应先梳理好自己的情绪，再用适合自己的步调来处理。例如，你听到公司最近传出业绩不好要裁员的消息，尽量不要慌乱，坦然接受自己担忧焦虑的情绪，冷静下来思考自己下一步可以怎么办，主动准备好可能的应对措施。

鼓励自己大胆尝试

遇到一件事情是需要展露自己的时候，内向的人常常会犹豫不决。如果这件事是你真正想做也真正喜欢的，就不要把自己的怯懦归结于内向的性格。内向者不是不敢尝试，也不是怯懦，只是对变化比较敏感，需要耗费一定的精力才能适应变化。这时，你不必强行改变自己，而是鼓励自己大胆尝试，推动自己一步步去试探。

小总结

内向性格与外向性格有各自的特征，内向性格存在很多天然的优势，也有相应的劣势，内向的人要正确认识并接纳自身的性格，学会扬长避短。

这一节，介绍了内向的人如何发挥性格特质取得成功的方法，包括如何利用性格的优势和克服性格劣势两方面。尽管我们身处"人人皆主播"的年代，但内向者也不必再承受社会舆论压力，为自己的性格感到自卑。要知道内向性格其实潜藏着巨大的能量，同样可以活出恣意人生。

想一想

你觉得自己是外向的人还是内向的人？你在工作或者生活中有做过成功突破性格局限的事情吗？

Section 17

别用无效的努力掩盖你的懒惰

前阵子一位我带过的毕业生约我吃饭。他毕业两年了,在一家管理顾问公司工作。用餐过程中,他不断地跟我抱怨自己新来的主管。他说这个主管外表看上去就是公司的模范员工,每天都是第一个到公司,最后一个离开办公室,还经常加班到半夜,有时碰到赶项目,干脆就睡在办公室里面。我说:"听起来还好啊,这样的工作狂肯定很得老板的赏识。"

学生反驳我说:"他就是假忙碌,每天上班最爱做的事情就是开会,明明几分钟可以解决的会议,他非得延长到一小时；两三个人就能搞定的事，他非把十几个人都拉过来一起做。开完会，他就回邮件，跟周围的同事聊天，一副自己很忙碌的样子。"在他看来，这个主管不仅效率低下，而且在整个团队中提倡加班文化，希望大家跟着他一起留在办公室加班。

想想看，你身边有没有像他主管这样的人，总是努力营造出一种很忙的样子，忙着出差、忙着加班、忙着打卡……其实他们只是看起来很努力，看起来很忙碌，但这种忙碌是无效的，甚至是一种懒惰的表现。

忙碌是一种懒惰的表现

作为老师，我带过不同资质、不同性格的学生。每个班里总会有特别努力上进的学生，他们读书很用功，上课认真做笔记，课后认真看书复习，把大部分时间都放在学习上面，但效果却不一定好。甚至他们在毕业之后，踏入工作岗位，依然会重复这样的模式，做事认真，加班加点，用上进和勤奋激励自己，成为大家眼中的模范员工。

我并不是在否定努力和勤奋，让大家不要努力。我要说的是那种不得要领的假勤奋。

往往我们一不小心，就会陷入假勤奋的陷阱中。比如一味地低水平重复，没有反思和总结，用行动上的勤奋去麻痹自己，甚至感动自己，让自己觉得自己很努力。当努力很久却得不到自己想要的结果时，就容易自我怀疑，觉得自己很笨。这就是为什么说忙碌是一种懒惰的表现，因为你只是一味地低水平重复，用行动上的勤奋掩盖了思想上的懒惰，然后陷入一种越忙碌越低效的循环。

前几年，有一本畅销书《异类：不一样的成功启示录》（Outliers: The Story of Success），作者马尔科姆·格兰德威尔（Malcolm Gladwell）在书中提出了一个著名的理论，叫"一万小时法则"（10000-hour rule）。他经过对比比尔·盖茨、乔布斯，以及顶尖运动员、世界级音乐家等行业中最优秀的人之后，提出一个结论，那就是人们眼中的天才之所以卓越非凡，并非天资高人一等，而是他们付出了持续不断的努力。一万小时的锤炼，是任何人从平凡变成世界级大师的必要条件，任何人都可以通过至少一万小时的练习成为高手。毫无疑问，对那些渴望成功的年轻人来说，一万小时法则就好像一剂强心针，告诉他们只要努力，没有天赋也能有机会成为世界顶级高手。

但是，只要花一万小时，就一定能够出类拔萃吗？曾经有一份综述分析的研究报告，汇集整理了诸多探讨练习时间与表现之间关联性的研究，他们发现虽然练习时间越长，表现会越好，但练习时间只能部分解释表现进步的程度，且平均率只有12%，也就是练习时间对于表现的促进效果，恐怕没有我们想得那么重要。此外，如果花很多时间练习，但是练习的质量不好，那成效也不会好，所以我们不应该过度放大长时间练习带来的效果。

所谓的刻意练习，刚好与低水平重复相对应，一个是发生在舒适区外，一个是发生在舒适区里面。这里的"舒适区"，指的是你得心应手，在熟悉的环境中做着熟悉的事情，一点挑战也没有。刻意练习会把你拉进学习区，让你在未曾涉足、充满挑战的地方，不断地提升自己。除此之外，刻意练习有着精准的目标和计划，而低水平重复既没有目标，也没有针对性的反思和总结。所以，仅仅努力和坚持是不够的，很容易让你掉进低水平重复的陷阱中，变成欺骗自己的假学习、假忙碌。

心理学小科普

不论是一万小时的练习也好，刻意练习也罢，从某种程度来说，都是一种阴谋论。因为练习是一件只要你有意愿就能够做到的事情，所以让每个人都觉得自己是有机会成功的。但是，我们或许真的不能那么乐观。在2014年，有一个综述分析研究，比较了在几个领域（运动、音乐、游戏、教育）中练习对在该领域的表现有多大贡献。结果显示，练习的效果在各个领域的贡献差异颇大。在预测性比较高的游戏领域，练习对表现是有贡献的。但是，对于教育领域，却只有不到 5% 的贡献。面对这样的结果，我们不用对练习感到心灰意冷，而是要提醒自己，要聪明地练习，而不是反复机械式地去做练习。举例来说，你可以在练习的时候，思考是否有更好的做法，让自己更省力或更省时。

那么，应该怎么做才能摆脱低水平重复，让自己的努力更有成效呢？下面同样提供两种方法。

目标导向，用目标来检视你的努力

第一种方法是，目标导向，用目标来检视你的努力。

很多人忙着忙着就忘记了自己的目标是什么，陷入一种假忙碌的状态。目标是你做事的出发点，也是检查过程正确与否的重要指标。在你陷入假忙碌时，请静下心来问问自己，是否离你所定的目标更近一步？

当你这样发问的时候，就能够意识到，自己每天的努力是冲着明确的目标去的，还是只是为了忙碌而忙碌，跟自己的既定目标毫无关系。

假设你的目标是提高自己的业务能力，那你每天花在核心业务上的有效工作时间是多少？与业绩考核相关的工作都完成了吗？效率如何？当你这样自问时，就可以检查一下工作日志，看看自己每天的时间都用在哪里，占你大部分精力的事情是否都与核心工作相关。这样你就能知道自己是真忙还是假忙，时间都用在了哪里。

就像前面提到的那位主管一样，我相信他一定希望自己能够成为一个好上司，带领团队取得好成绩。但他拉着那么多人开无效会议、倡导加班文化，让下面的同事怨声载道，却和他的初衷相背离。之所以会这样，就是因为他在忙碌中忘记了自己的目标是什么。

高水平复盘,带着目标和反思去努力

如果说带着目标去努力,能够让你始终走在正确的方向,那么阶段性复盘就能够让你摆脱低水平重复,更上一个台阶。所以,接下来要介绍的方法,就是高水平复盘,带着目标和反思去努力。

"复盘"这个词,其实是一个围棋术语,是指下完一盘棋之后,双方将对弈过程中所有落子按顺序重复摆一次,复演这盘棋的记录,以检查棋局中的得失关键,找出双方在攻守过程中的漏洞,被认为是围棋选手精进棋艺最重要的方法。渐渐地,复盘也被作为避免犯错、有效提升效率的工具,用在商业模式和个人管理方面。

我们之所以会低水平重复,就是因为每一次的成果不能形成势能,也就是说前一次的努力成果不能为下一次的努力打基础,以至于你不断地推倒重来,原地踏步,看不到成效。

人的成长,应该是前一次的努力成为后一次努力的阶梯,逐渐形成一个体系化的框架,形成势能。而要想达到这样的成效,就需要不断地复盘,总结上一次的得失,在下一次的实践中得到提升。

复盘的具体做法,可分为以下四个步骤:

(1)回顾目标:想想你当初的期望是什么。例如:你希望提高自己的口语能力,达到跟外国人流畅对话的水平。

(2)评估结果:经过一段时间的努力和练习,看看自己的学习成效如何,是否达到了预期结果。例如:你背了一个多月的单词,看了一个多月的美国影视剧,发现自己还是无法用英语和人对话。

(3)分析原因:想一想整个过程中哪些环节有问题。例如:只背单词和看影视剧就能提升口语能力吗?还有没有其他更有效的方法?

(4)总结经验:通过分析和总结,规划下一步的具体行动。例如:你发现除了背单词、看影视剧,最重要的是多说多练,最好是去跟外国人直接对话。

完成复盘后,你会发现之前的行动中哪些地方有问题,可以怎么改进调整,摆脱原地踏步的低水平重复,让自己的能力得到提升。

小总结

网络上有人分享这么一段话:"按一辈子快门的人,未必会成为摄影师;写一辈子文章的人,很多成不了作家;在公园练10年太极拳,与功夫可能毫无关系,因为那根本就不是正确的努力方式。"换句话说,他们本质上就是在低水平重复。

一个人如果一直低水平重复,就会陷入越努力越疲惫的恶性循环。不要用行动上的勤奋掩盖思想上的懒惰,闷头做的同时也要抬头看路,不断总结方法,刻意练习,并进行高水平复盘,就能看见进步。

想一想

不让自己陷入低水平重复,你还有什么方法吗?

Section 18

如何面对人生的重重困境?

"成年人的生活里没有'容易'二字(Easy doesn't enter into grown-up life.)。"

这是电影《天气预报员》(The Weather Man)中一句非常戳心的经典台词,每个成年人都是一边喊累,一边含着泪往前走。只是,有些人走着走着就掉队了;有些人擦干眼泪,收拾好行囊,继续往前走。等过一段时间回头看,有些人干脆放弃了,有些人停滞不前,然而有些人却能够坚持到底。

这是为什么呢?明明你和他同等聪明,甚至当初你比他更优秀,为什么最后脱颖而出的是他,而不是你呢?当然,这里面的原因有很多,有外在机遇,也有内在能力的差别。但有一点可以肯定,那就是在逆境面前的抗压能力,让大家的人生渐渐有了差别。

有些人可能非常优秀,生活也一直顺风顺水,可是一旦碰上什么挫折,就迈不过去这道坎了。有些人却在困境面前,升级打怪,从谷底反弹,最终成就更好的人生。我们应该如何面对人生的重重困境呢?这堂课就让我们来聊一聊耐挫力。

你,习得无助了吗?

1967 年,美国"正向心理学之父"马丁·塞利格曼(Martin Seligman)做过一个"习得性无助感"(learned helplessness)的实验。

他把狗关进笼子里,摇铃之后就把地板通电,这时狗会感受到电击。重复多次以后,狗只要听到铃声,就有要逃避的反应，但一直无法逃脱。之后，塞利格曼把狗放到另一个笼子里，这个笼子分成了两个区域，其中一个区域的地板通了电，另外一个区域没有通电，狗是可以跳到没有通电的那一区域的。但他发现，这些狗并不会逃离，因为它们认为自己没有办法逃离被电击的命运。塞利格曼把这种现象命名为"习得无助感"。他认为我们人也是一样的，如果一个人多次失败之后，也会习得无助，会放弃努力，甚至怀疑自己的智商和能力。

心理学小科普

马丁·塞利格曼是美国正向心理学大师，现任宾夕法尼亚大学正向心理学系教授。塞利格曼教授迄今已经发表了350篇以上的学术论文，以及30本专著，其中《真实的幸福》（Authentic Happiness）、《持续的幸福》（Flourish）等书也在台湾省出版了。他在正向心理学的研究及实务上贡献卓越，获奖无数，包括了表扬基础研究、应用研究和临床实务工作。

不少人会把正向心理学与正向思考混为一谈，但两者是不同的。正向心理学并非盲目追求正向的感受，而是强调以科学为基础，探讨人们该如何过一个更有意义、更为充实的生活。对正向心理学有兴趣的朋友，可以参考宾州大学正向心理学中心的网站，上面有丰富的资源，包括一些自我检测的工具，大家可以善加利用。

耐挫力是成功登顶的关键

我们在生活的过程中，难免会遇到各种各样的困难和挫折，这些逆境有时候会让人深陷谷底，习得无助，有时也会让人从谷底反弹，踏上人生的新阶段。这背后取决于你的耐挫力如何。

"耐挫力"（resilience）一词，中文翻译有很多种，如心理韧性、抗挫力、抗逆力、复原力、逆商等等，是指一种在高压的状况下依然有积极进取的能力。

在《逆高：我们该如何应对坏事情》（Adversity Quotient: Turning Obstacles into Opportunities）这本书里，作者保罗·史托兹（Paul Stoltz）就讲了这么一个真实的故事：1996年5月10日，5支探险队在登顶珠穆朗玛峰时遭遇风暴，仅有一些人得以生还，有15人不幸遇难。当时，一位探险队队员贝克·威瑟斯（Beck Weathers）也倒在大雪纷飞的雪地中不省人事。几小时后，他醒了过来，强撑着往大本营走去。即使他意识到自己快要死了，仍然艰难地往前走。幸运的是，他遇见了队友，最后顺利获救。

史托兹从这个登山的故事中受到启发，把面对逆境的人分为三类：

（1）知难而退者

通常会半途而废，习惯逃避和放弃。比如有些人创业失败，可能从此一蹶不振，自暴自弃。

（2）半途而废者

一开始也会付出努力，投入时间和精力，一旦到达某一个高度后，他们就松懈下来，在中途逗留，不再向前。

（3）攀登者

把人生视为长跑，不急于一时的成败得失，持续向前，直到登上山的最顶峰。所以，困境可能是有些人的绊脚石，也有可能是另外一些人的垫脚石，关键在于困境来临时，你的耐挫力如何。

我们每个人在成长过程中，都会遇到这样那样的困境和挑战，耐挫力推动着你克服危险，达到自我实现的目标。但随着时间的推移，这种力量可能会发生变化，你的韧性可能会增强，耐挫力越来越强；也有可能你会失去它，变得越来越脆弱。耐挫力和压力就像跷跷板的两端，当压力过大，达到某一个你不能承受的极点时，可能就会被击垮。相反地，如果你在困境来临时，提升了自己的耐挫力，这种韧性在下一次挫折降临时，就能够帮助你渡过难关。

或许你又会问，既然耐挫力如此重要，这种能力是天生的吗？我们是否可以后天习得？令人欣慰的是，哈佛医学院的乔治·华伦特（George Vaillant）教授从哈佛大学长达50年的追踪研究结果归结，认为耐挫力并非与生俱来，而是可以后天培养和学习的。

至于要如何培养耐挫力，接下来我会从内部系统和外部系统两个方面，给大家提供一些建议和方法。

内部系统：解释风格

所谓内部系统，指的是你的内心有多强大，在压力来临时，能否保持积极乐观的态度。这里推荐一个关键的方法——解释风格，也就是你是如何看待挫折的。

当你觉得眼前的挫折如泰山压顶，再也无法改变时，你就会成为一个知难而退者；当你觉得这点磨难是帮助你成长的推手时，那么你就会直接面对它，最终成为登顶的攀登者。所以，你的解释风格很大程度上影响了你对挫折的看法。

塞翁失马的人生启示

我们小时候应该都听过"塞翁失马"的故事，这个故事线是这样的：

塞翁丢了马，人家对他说："你真倒霉呀！"塞翁却说："未必是件坏事。"

没几天，先前丢的马带了另一匹马回来，大家说："你真幸运。"塞翁却说："未必是什么好事。"

有一天，塞翁的儿子骑马时不小心摔断了腿，大家又对他说："你真倒霉。"塞翁说："不见得是坏事。"结果军队征兵打仗，他的儿子因为残疾逃过一劫。

从这个寓言故事来看，在塞翁的眼中，糟糕只是短暂的，情况再差也不会永远是这样。因此，当你觉得挫折是常态，过一段时间就会改变，那么困难就成了纸糊的老虎，变得不那么可怕了。

离异网友的人生体悟

我曾经在微博上收到一位网友的来信，她在信上说，她在35岁那年结束了一段5年的婚姻，原因是对方不断婚内出轨。当时双方父母都劝她选择原谅，维系原来的家庭，而且说她大龄离异，即使离婚也很难再找对象。她也曾经恐惧怀疑过，但最终还是选择离婚，重返职场。现在的她开了一间属于自己的瑜伽馆，心态很健康，比以前更加年轻，身边也不乏追求者。

回顾那段婚史，这位网友说她非常感谢那段坎坷的经历，让她得以重新思考自己的人生价值。如果没有过去的那段经历，她可能会失去自我，也会因为放不下而心生抑郁。

很多人在回顾逆境时，都有一个瞬间，突然意识到逆境给自己带来了全新的意义。也就是说，你能跳出来重新看待困难本身，不会有如临大敌、慌乱恐惧之感，而是把它当成一种馈赠，有勇气跟它对话，并获取力量走出困境。因此，当你用积极的解释风格赋予逆境一定意义时，逆境一定能够教给你很多东西。

前面说的内部系统，是从自身出发，赋予逆境积极意义。但有时面对外界压力，特别是压力很大的时候，光靠自己硬挺也不行，你还需要寻找外部力量，建构外部支援系统。

外部力量：建构外部支援系统

这里的外部支援系统，主要来源于和睦的人际关系，比如你的家人和朋友以及榜样的力量，如你身边的偶像或传记里的传奇人物。从他们身上，你会收获力量，帮助你在困境之中逆风翻盘。

家人朋友是最强大的后盾

回想我们小时候，每次哭泣总会投入父母的怀抱。即使你已经长大成人，遇到困难时，也不要因为担心麻烦父母，而回避他们的关心。

除了家人，朋友是最能理解我们的人，哪怕只有一个朋友的支援，也会对身处逆境中的你产生莫大安慰。当你感到压力的时候，想想爱你的家人和朋友，他们是你最强大的后盾，大胆地向他们求助，即使是这样的特殊时刻，也能使你们的关系更加稳固，甚至得到升华。

榜样人物是力量供给者

除此之外，我们崇拜的榜样人物也能在逆境中给你力量。历史中的人物，最令我佩服的就是苏轼了，不仅仅是因为他的词写得好，更因为他在困境面前的豁达。

多次被贬的苏轼，生活极其贫困，却始终保持内心的乐观与平静。被贬黄州，在蕲水游玩时，他说："谁道人生再无少？门前流水尚能西！休将白发唱黄鸡。"意思是，谁说人生不能再有年轻的时候了？门前的溪水还能向西奔流，不要因自己老了而感叹时光飞逝。

当苏轼一个人在雨中拄着竹棍淡定前行时，他说："竹杖芒鞋轻胜马，谁怕？一蓑烟雨任平生。"翻译成白话是：一根竹杖，一双草鞋，比骑着马儿还要轻快，大雨又有什么好怕的呢?穿上蓑衣,走在茫茫烟雨中,照样能像平常一样来去自如。这是多么的洒脱啊!

就像这样,找到一两位同样陷入绝境而不放弃的人,不管是你身边的朋友,还是历史上的传奇人物,读读他们的故事,都能给你很大的支持。

小总结

衡量成功的标准,不在站立顶峰的高度,而在跌入低谷的反弹力。耐挫力强的人,面对困境,百折不挠,能够充分调动自己的潜力来应对困难的局面,为自己建构内外双重支援系统,在逆境中提升耐挫力,将生活赠与你的最酸涩的柠檬,酿成一杯甘甜的柠檬汁。

想一想

回忆一段让你记忆深刻的至暗时刻,当时你又是如何走出困境的呢?

PART 4

职业焦虑

每个人对自己的工作都有诸多期许,但在行业竞争异常激烈的今天,有很多人的工作常态是压力过大、迷茫倦怠,想辞职又不敢。该如何应对职场中的这些焦虑呢?

Section 19

人生告急,你欠自己一份职业设计

同学 A 是我曾经带过的一位学生,毕业后,他收到了一家外企人资部门的录用通知书,薪资待遇不错,但没待满 3 个月试用期,他就选择了离开。原因是他觉得工作很枯燥,在这份工作中找不到激情。同学 A 从小喜欢街舞,希望把街舞当成自己的事业,后来他开了一家舞蹈工作室,自己既要负责招生宣传,还要亲自给学生上课,每天都很辛苦。在一次聚餐中,他跟我说,原本他是想把兴趣当职业,没想到在兴趣成为职业之后,对街舞再也感受不到之前那种纯粹的喜欢了。

另外一位同学B，今年32岁，已经毕业七八年，最近听说他离职了。在外人看来，他的工作也不错，在一家挺有名的公关公司上班，是标准的白领。他为人比较随和，在工作上也是，做好自己手头上的工作，不会为自己积极争取，对未来也没有什么清晰的规划。随着新的营运方式的上线，他对新的业务模式还不如公司的新人熟悉，时间久了，上司自然是提拔年轻的得力干将。看着晚入职的同事成了自己的部门主管，同学B觉得面子上挂不住，就主动离职了。

以上两个故事代表着不同的职场阶段，以及这两个阶段最容易出现的职业困惑。初入职场，应该找什么样的工作，应不应该把兴趣爱好变成职业？职业成长期，应该如何做好职业规划，帮助自己快速成长？

静下心来，提升自己的工作能力

先从第一个阶段"初入职场"谈起。

从学校毕业踏入职场，很多人内心都会比较迷茫，不喜欢自己的第一份工作，觉得没有干劲。甚至有些人会不断换工作，这个不喜欢，辞了，然后再换下一个，下一个不喜欢，那就继续换。换来换去，耽误了宝贵的时间不说，还让自己心情很沮丧。

其实，刚换到一个新的环境，因为缺乏基本的职业素养和能力，无法完全胜任手头的工作，会感到挫败和压力，产生不喜欢这份工作的感觉，这是非常正常的。逃避或跳槽并不能解决问题，最重要的是静下心来，提升自己的工作能力。即使你不喜欢，也建议你做到及格之后再换下一份工作，因为你在这个领域中积累的职业能力，一定也能够应用到下一个工作环境中。

和前面的 A 同学一样，在初入职场时，还有一个困扰大家的问题，就是应不应该找自己喜欢的，让自己充满激情地工作。

有一种观点是，找工作要找自己热爱的事情，把工作和兴趣爱好结合起来。如果你还没有找到，那就继续找，直到找到为止。其实我不太赞同这种观点。在《优秀到不能被忽视！》（So Good They Can't Ignore You: Why Skills Trump Passion in the Quest for Work You Love）这本书中，作者卡尔·纽波特（Cal Newport）在采访了大量的职场成功人士之后发现，绝大部分人不是一开始就喜欢上自己的工作。他认为，追随激情去找工作，是在给自己增加难度，让你陷入一种不利处境。

有一句我一直很喜欢的座右铭："喜欢你要做的事，而不是做你喜欢的事。"虽然听起来很"鸡汤"，甚至有一点"病态"，但我觉得的确如此。对于一件事情的喜好，虽然能够让我们在一开始就决定自己要做什么样的选择，但是在进一步认识之后，却有可能和自己原本的预期不一致。这个时候，你可以决定换一个选择，或者从中找到自己喜欢的元素，而找到自己喜欢的元素，指的就是去喜欢你要做的事。

苹果公司的共同创办人史蒂夫·乔布斯（Steve Jobs）有一次在斯坦福大学的毕业典礼上演讲，也提到了要有很棒的工作表现，唯一的途径就是喜欢你正在做的事。也就是说，你是不是做你喜欢的工作，不是关键；关键是你有没有喜欢你做的工作。

心理学小科普

多个民调公司的数据显示，乐在工作的员工比例不到一半，甚至有一家民调数据显示仅有 15% 的员工乐在工作。当人们对自己的工作不满意的时候，往往会觉得自己是异类，应该另谋出路。然而，实际上采取行动的并不多，很多人其实是陷在不满又不愿意做出改变的处境。

或许很多人都误会了工作的意义，觉得工作应该是自己生活中很重要的一个部分；但是，工作不一定要占那么重要的位置，你可以把工作想象成只是一个让你有收入的途径。只要付出和获得不是严重失衡，实在没有必要太吹毛求疵。

电影《心灵奇旅》(Soul)中的男主角乔,对工作抱有一个憧憬,但一直没有办法如愿,始终闷闷不乐,也因此错过了生活中很多的美好。讽刺的是,当他最后终于可以如愿的时候,他才意识到,原来工作上的成就并没有那么了不起。

所以,换个角度看待工作,你会发现自己其实没有那么不喜欢现在的工作,只是对它的期待与现实有比较大的落差罢了。

相较于找到激情,找到自己在工作上的意义,是更关键的因素。当你觉得自己的工作是有意义的,你就会有更强的动机想要好好工作,也会更投入地工作。虽然我们可能会觉得某些工作比较容易有意义感,如医生、消防员等,但是,每个人只要愿意,都可以在工作上创造意义感,这个意义感是针对你个人的,而不是别人。

密歇根大学商学院的教授珍·道顿(Jane E.

Dutton）以"工作重塑"（job crafting）这个概念来描述，她认为每个人都可以根据自己的需求，把工作形塑成对自己来说是有意义的。她建议，如果你的工作是有弹性的，就可以多把一些重心放在让你比较容易有成就感的事情上，借以提升工作的意义感。即使你的工作没有太多的弹性，也可以通过和志同道合的同事聊天，来打造属于你的意义感。

在外国的某个节目中，制作单位采访了很多终其一生只做一件事情的人，有一些人会说："一开始踏入这个行业，完全是为了继承家业。"但是后来他们发现，能够让自己继续下去的关键，通常是一种使命感，想要把这件事情传承下去的感觉，也就是说他们在工作中找到了意义感。

所以，没有一份职业是完美的。初入职场时，不要抱着激情的诉求去找工作，最重要的是先把手头的工作做到最好，慢慢地你就会找到属于自己的意义感，或许就会对工作更有热情。

找到自己的核心能力,发挥优势

我们再来看看"职业成长期"。在这个阶段,最重要的是找到自己的核心能力,发挥自身的优势,在职场中获得进一步提升。

前面 B 同学最大的问题是,他没有发现和找到自己的核心能力,让自己得到进一步提升,以至于在行业环境发生巨大变化时,没有能够跟上前进的步伐。

当然,在行业趋势变化快速的今天,想要跟上外界的变化并不容易,与其踩点跟上外界变化,不如找到自己的特长所在,在你做过的每一份工作和项目中,慢慢发现自己的优势。例如:你的组织能力很强,善于沟通协调;你的点子很多,总能想出创意爆棚的策划案;你的写作能力很出色,是部门里数一数二的笔杆子。这些都是你的核心能力,是你在职场中安身立命的本事。找到这些优势之后,就下功夫继续锤炼自己,不断提升自己。

有些人可能会说:"每天工作很忙,我如何进一步提升自己呢？"对于有心提升自己，却抽不出时间的人，我会推荐你用"80/20法则"，也就是把80%的时间或精力，拿去做别人期待你该做的事情，说白了就是完成你在自己岗位上该完成的事情。另外的20%的时间，就帮自己安排一些提升自己能力的事情。

不少知名的企业都鼓励员工这么做，如谷歌（Google）有一个"20%时间"（20% time）的计划，允许工程师每周可用20%的工作时间，做一些核心工作以外的创新活动，开发自己感兴趣的项目，而不是把所有时间都花在被分配的任务上。好几个谷歌（Google）很成功的产品，如"Gmail"，就是工程师利用这段自由创新时间发现的产物。

你待的公司不一定有这样的弹性，但这并不表示你不能把这个法则套用在你的工作上。你可以稍微做一些转换，如80%的时间用传统方式处理你工作上的任务，剩下20%的时间用来做一些创新，例如学习一些更高效的方式来完成工作上的任务，或是向更有经验的前辈学习，都是很不错的做法。

像我就很常用这种方法，对我来说，这20%的时间是一种奖励，并没有压缩我的工作时间，反而让我更有动力想要完成该做的事情，这样才有额外时间做一些我觉得有意思的事情。

小总结

从初入职场到职场成长期，每一个阶段都需要清晰的自我规划。"喜欢"的工作不是找出来，而是创造出来的。当你越来越胜任你的工作，你也就越来越有激情。记住，提升自己才是职场竞争的王道，当你拥有一项无人能比的优势所在，你就会在职场拥有不焦虑的安全感。

想一想

你现在处在职场的哪个阶段，你对自己未来的规划是什么呢？

Section 20

面向未来,创造工作而非寻找工作

你想过自己退休后的生活是什么样的吗?

或许大多数人都希望自己在退休之后,有钱有闲,拿着足够的养老金,莳花弄草,周游世界。但在老龄化加剧到来的今天,假如我们能活到 100 岁,你知道我们未来的生活和工作将会面临怎样的改变吗?

如果你能够活到一百岁……

在伦敦商学院琳达·格拉顿(Lynda Gratton)和

安德鲁·斯科特(Andrew Scott)两位教授所合著的《百岁人生：长寿时代的生活和工作》(*The 100-Year Life: Living and Working in an Age of Longevity*)这本书中提到，人类已经全面进入长寿时代，从我们这代人开始，活到一百岁将是稀松平常的事情。随着寿命的普遍延长，我们的人生格局也将发生巨大改变，你可能到50岁还要学习新的知识，70岁还在上班工作，80多岁才能退休。

80多岁才能退休？听起来让人有些沮丧。我们现在努力工作，不就是为了年龄大的时候能够有一些保障吗？假如我们到80多岁还得继续工作，那个时候体力大不如前，又能做些什么工作呢？加上人工智能的发展，许多职业将被取代，面对即将到来的未来，我们今天应该做哪些准备，如何重新规划自己的职业呢？下面我们就来聊一聊终身职业规划的话题。

心理学小科普

台湾地区预计在 2025 年进入超老龄化,也就是每五个人中,就有一个人超过 65 岁。此外,平均寿命也逐步延长了,推估 2050 年将会到 85 岁(目前是 80 岁左右)。如果这样的趋势没有变动,再过 100 年,平均寿命就有机会突破 100 岁,也就是说有一半的人都有机会活过 100 岁。

老龄化是一个全球的趋势,各国除了延后退休年龄,也积极修改中老龄就业相关规定,只是步调缓不济急。除了就业相关议题之外,各种退休金、医疗保险等社会福利,也都面临严峻的挑战。

多数的人并没有提早做规划。以长期照护保险为例,女性投保率虽然较男性高,但只有 3.5% 以下,显示大多数人针对长期照护需求尚未做规划。若以中高龄就业率为指标,也会让人有点担心,根据"台湾地区行政管理机构"的统计,2019 年台湾地区 60~64 岁的就业率是 36.7%,65 岁以上的只有 8.3%,跟多数省市地区相比,都是偏低的。所以,大家真的要花点时间规划一下自己的百岁生活!

目前,台湾地区是65岁可以申请退休,如果我们这一代人越来越长寿,能够活到100岁,那么,就意味着你的退休生活将会长达40年,而这需要你储备足够多的养老金,来保证退休后的生活质量,不然就要延迟退休,继续工作。这么算下来,到80岁退休的话,我们的职场生涯很有可能长达五六十年。在很多人普遍工作两三年就会跳槽换一家公司的今天,听到这个数字,你是不是很惊讶呢?所以,你对自己的职业规划,不仅仅是看未来十年、二十年会怎样,还要为未来五十年做打算,树立一种终身职业观。

大家也不要觉得有压力,近年来有"第二人生""第三人生"的说法,就是鼓励大家把这样的压力,转变成如重获新生一样的好事情。一想到人生可以从头开始,就让人有点兴奋,因为重生的你,已经具备了足够的经验与能力，可以马上开启自己的人生。

中年有转机，不是危机

那么问题来了，你要在什么时间点重生呢？

关于这点，没有标准的答案。下面给大家提供几个参考信息：英国华威大学经济学教授安德鲁·奥斯瓦德（Andrew Oswald）发现，人们对于工作的满意度和年龄呈现一个 U 形曲线，并且会在 38 岁时触底；不少数据都显示，人们的幸福感和年龄之间也是呈现一个 U 型曲线，并且大概是在 50 岁触底。

也就是说，在 40~50 岁，很适合当作第一个重生的时间点。过去我们会觉得在这个时间点换工作，是呼应了自己的中年危机。但是有越来越多的证据指出，中年危机应该要改称为"中年转机"。一项长期追踪美国中年人生活发展（nidlife in the United States, MIDUS）的调查研究显示，人们是用很正面的态度来看待这个年龄区段的转变的，很多人有机会去圆梦、去学习等等。

所以，你不应该给自己设限，觉得自己就该在现在的工作岗位上，一直工作到退休。这样的做法，不是反映出你对这份工作的热忱、忠诚，而是说明你是一个懒惰、不愿意做出改变的人。面对时代的快速变迁，新科技发展蓬勃，我们都该与时俱进，而不要认为自己终其一生，就只会做一件事情。

在了解终身职业观的具体概念后，要如何落实到日常生活中呢？以下有两个建议供大家参考。

结合自己的核心能力，提早谋划下一个职业

第一个建议是结合自己的核心能力，提早谋划下一个职业。

如歌手刘若英，她一开始是想成为音乐人，结果阴错阳差地靠着演电影出道。她的歌手生涯虽然起步比较晚，但是后来发光发热的程度，都让人忘了她曾

经演过电影、演过电视剧。在当了妈妈之后，刘若英除了继续歌唱事业之外，还导演了自己的第一部电影《后来的我们》，在口碑和票房上都获得了很好的评价，还"霸占"了中国最卖座女导演的位置好多年。

在刘若英的身上，可以看到她一直在规划自己的下一个职业，我相信等哪一天她不想露脸，我们就会看到更多她执导的电影，以及更多她创作的歌曲。另外，刘若英在电影方面的启蒙导师张艾嘉，也是一个很好的例子，她一开始是演员出身，后来演而优则导，现在几乎以幕后工作为主，很少出现在幕前。

所以，在认真工作之余，你可以想想自己下一份工作可能会是什么，你现在的能力又有哪些部分是可以转移到下一份工作中的。

建立职业选择组合，帮自己打造一份兼职

第二个建议是，着手建立你的职业选择组合，帮自己在本职工作之外，另外打造一份兼职工作。

我们都知道买股票最好能组合选择,这样更保险。工作规划也是一样的,当你有本职工作的同时,还有一到两份兼职,就会比别人拥有更强的抗风险能力。

这里我想分享一下自己的故事。大概在 10 年前,我利用工作之余,开始做心理学的科普。严格来说,并没有人要求我去做这件事,我也没有把它当成一份工作,只是单纯希望能让更多人因为心理学受益,我认为身为大学教授有这样的社会责任。

在我所做的心理学科普中,有一个部分和老年人心理相关。我带着学生一起经营了一个以"银发族"为对象的科普平台,介绍跟老年人有关的研究、社会新闻等,而且连续好几年,我们都在这个平台号召大家一起写贺年卡并寄给有需要的老年人。老实说,我其实不太知道这件事情到底有多大的影响力,直到有一年,我们因为一些情况,没有办法做这件事情,陆续有网友表达遗憾之情。我这才知道,原来这件事情对一些人是有影响的。后来,在我们恢复这个活动的那年，有位在护理机构工作的人员拍下老人家收到卡片时脸上快乐的笑容，并告诉我们，那里的很多老人收到卡片后，常常是反复阅读，非常珍惜这样的祝福。

做这件事，不仅给了我职业上的幸福感和成就感，也给我带来很多意外的机会。当有了很多受众之后，我被邀请做讲座、开工作坊、出书。对我来说，最自豪的部分是，我可以不用靠着大学教授的光环，而是用我自己创造出来的作品来代表我自己。

其实像我这样的人还有很多，他们在本职工作之外，还做一份兼职工作，等到时机成熟，则顺利转型。

英国有一个帮人介绍兼职工作的平台（Capability Jane）曾经做过一份调查，调查结果显示在2000年以后出生的人，在求职时有超过九成的人会把弹性当作首要考虑的因素；有八成女性以及五成的男性，下一份工作都希望能够更有弹性；更有三成的人，宁愿要有弹性的工作，也不要比较多的薪资。

既然未来多段式人生会成为一种常态，那么你在工作之余就要更充分地挖掘自我潜力,发现更多可能性。比如你的表达能力很强,那你是否可以选择一个熟悉的领域,尝试拍些影片,或做直播分享,把自己的故事和经验分享给大家。说不定,这些都能为你以后的职业生涯推开一扇新的大门。

小总结

过去很多人终其一生都在同一家企业工作,这样的事情未来将会越来越少。结合自己的核心能力,提早谋划下一份职业,或是安排一个跟自己工作有附属关系的兼职,通过这样的方式来探索自己职业生涯的可能性。唯有持续地挑战自我,并尝试新的可能性,你才不会被潮流淘汰。

想一想

有没有一份职业是你一直想要从事的,可是一直没有去做?为什么呢?

Section 21

不想工作,如何拯救职业疲劳?

请问,你目前所有的从业经历中,在一家公司工作最久是多长时间?

有 5 年吗?是不是 8 年都算长的了?那你知道吉尼斯世界纪录中,在同一家企业工作最久的人,在那里工作了多少年吗?答案是:81 年又 85 天。创造这个纪录的是一位巴西人——沃尔特·奥斯曼(Walter Orthmann)。他从 15 岁起就在一家纺织公司上班,一开始是当送货员,后来成为营销经理。直到 2019 年,96 岁高龄的奥斯曼才离开这家他工作了逾 80 年的公司。

对大多数人来说，在一家企业工作 80 多年，简直有些难以想象。特别是在职业变换频繁、双向选择极其容易的今天，大多数人可能三四年就会换一份新工作。为什么我们很难长时间待在一家公司呢？这背后的原因有很多，一个比较普遍的原因是职业倦怠，也就是对当下的工作失去了新鲜感。

你，成企业睡人了吗？

你是不是也有过这样的经历？在一家公司工作一段时间或者几年后，依然做着重复的事情，感觉身心俱疲，能量被掏空。每天上班就像上刑场，什么事也不想做，什么人也不想理。好不容易做完工作，终于熬到下班，第二天却又开启了这样的死循环。

为什么我们会时不时地感到职业疲倦，整个人完全没有动力？有什么方法可以缓解这种疲劳感吗？

职业倦怠，英文是 occupational burnout,

burnout 有燃烧、耗尽的意思。最早是由美国学者赫伯特·弗罗伊登伯格（Herbert Freudenberger）提出来的，当时之所以提出这个概念，主要是在关心教师、医护人员等高强度的从业工作者。而今日，随着当下激烈的行业竞争，一些行业朝九晚九，每周工作六天，以及房价、物价与社会经济压力等原因，职场上有越来越多的人承受着内外双重压力，用网络进行自嘲，并时常处在一种无法摆脱的"职业倦怠"中。

心理学小科普

赫伯特·弗罗伊登伯格是一位心理咨询师，根据实务经验，提出倦怠（burnout）这个概念，也是最早提出这种想法的人中的一个。他认为，倦怠是一种由个人职业生涯导致的心理与生理上的耗尽状态。后来，他和盖尔·诺斯（Gail North）把这个过程分为12个阶段：强迫证明自己、更加努力地工作、忽略需求、冲突转移、价值观重组、否认暴露的问题、退缩、迥异的行为改变、人格解体、内心空虚、忧郁、倦怠。

由于倦怠这个议题实在太重要了,国际上有很多标准化的倦怠测验,其中马斯勒职业倦怠量表(Maslach Burnout Inventory, MBI)是目前使用最广泛的,现在也有多种不同的版本,如针对医疗人员、教育工作者等的版本。这个测验虽然多次被翻译成中文,也用在研究中,但迄今还没有正式推出中文版。

有一本关于职业倦怠的书,在台湾地区被翻译为《企业睡人:击败职业倦怠症》(*The Truth about Burnout*),我觉得"企业睡人"这个说法很贴切,也就是说,你虽然身体在这个企业中,但由内而外感受到一种疲劳感、无力感,甚至还可能有厌恶感。

这种倦怠感很难说清楚,但又有非常明显的表现。社会心理学家克丽丝汀·马斯勒(Christina Maslach)认为,严重的职业倦怠主要表现在三个方面:

心好累　　　　我不行　　　　不高兴

严重职业倦怠的三个表现

（1）情绪衰竭

这是最明显的一个表现。对工作完全提不起劲，只要想到要去上班，就觉得很沮丧，哪怕是去休假几天，都没办法调整过来。我们常说"感觉身体被掏空了"，大概就是这种感觉。这种疲惫感，不仅是身体累，更是心累。（正看到这段文字的你，对现在的工作有这样的感受吗？）

（2）去人性化

就是当你处在职业倦怠期时，对待周围的人态度比较冷漠，工作上也比较敷衍了事，好像看谁都不顺眼，无论是老板、同事或者客户，总是回避和他们沟通交流，只想快速逃离当下这个环境。（回想一下，当你处在倦怠期时，是不是有同样的感受？）

（3）成就感很低

无法从工作中获得满足感和成就感，经常认为自己的工作烦琐枯燥，毫无价值，觉得自己无法发挥个人才能，没有获得成长，等等。

以上三个表现总结成一句话就是："心好累，不高兴，我不行。"今天的社会，谁都逃不过职业倦怠，有一份调查报告显示，职场工作者中的 70% 有轻微倦怠，13% 的人有重度职业倦怠。如果你觉得自己也有些职业倦怠的迹象，可以试试下面介绍的两种方法。

每天做些微改变，用创新冲淡"老牛推磨"

职业倦怠虽然心理上让你感觉很疲惫，但行动上却不能怠惰。任由自己颓废，只会加深你的倦怠感。

所以，第一种缓解职业倦怠的方法是，停止机械"搬砖"，每天做些微改变，用创新来冲淡"老牛推磨"。

改变方法

我曾经听过这样一个故事。一个在大学读国际经济贸易专业的女生,大四的时候到一家外贸机构实习。原本她很期待能够在这里施展手脚,没想到主管分派给她的任务,却是贴发票。每天早上,她从财务部取来厚厚一摞发票,做好分类之后,再用胶水平平整整地贴好。周而复始,贴到第30天,她有些坐不住了,心想:"我来这里是学东西的,天天让我坐在这贴发票,不是浪费人才吗?"

于是这个女生找到她的主管,提出辞职的想法。那位30多岁的女性主管,人很和蔼,听完她的话之后,什么也没说,把自己的笔记本电脑拿过来,打开一份Excel表单,跟她说这是自己10年前做的一份工作表单。当时她和这位女生一样,去企业实习的时候,被分配的工作也是贴发票。每天重复做一样的事情,让她心生厌倦,觉得学不到东西,也动过辞职的念头。

有一天,她贴完发票没事干,就想要不干脆把这些发票统计一下,也能顺便提升自己对办公软件的使用能力。于是她打开Excel表单,把经手贴过的发票都做了统计整理,一个月下来,她发现有些跟这家企业关系并不密切的小机构,在不断地追加贸易订单,而一些原本公司非常重视的VIP客户,贸易订单却严重下滑。她把这份统计资料发给了部门经理,并提出了针对性的建议——她建议公司将注意力转移到那些小机构上,与其维护好客户关系。果不其然,这个建议被公司采纳,而她也被提拔重用,毕业后留在这家公司。主管说完自己的故事后,跟这位女生说:"螺蛳壳里做道场,只要有心,再枯燥的工作,也能做出不一样的成绩。"

没错,当你机械化重复每天的工作时,很容易产生倦怠感。如果你能主动调整,做些新的尝试和改变,就能恢复新鲜感。尽管有时候我们无法改变自己工作的内容,但是没有人说你一定要用同样的方式完成这个任务,若你每天都做出一些小改变,你可能会发现其他更高效的方法。例如，运用一些小工具，让你处理数据的时候更高效；或者整理一份标准作业程序，让作业流程更顺畅。

调整心态

除了在方法上做改变之外，心态上也可以做些调整。要知道职业倦怠并不可怕，它就像 21 世纪的感冒一样，是一种流行病，没人能够幸免，也没有特效药可以完全根治。

你需要学会和这个老朋友打交道，当它阶段性出现的时候，正视它，调节它。就像对待感冒一样，知道它又来了，你就告诉自己说："你又来了，来吧来吧老朋友。"当你能用这样的心态对待职业倦怠，它就不会那么可怕和严重了。

三明治工作法

假如你在心态上有所转变，也尝试在工作中做出些微改变了,但行动上还有所欠缺,即"倦"的感觉少了一些,"怠"还比较严重,那我推荐你试试第二种缓解职业倦怠的方法:"三明治工作法"。

这种方法是时间管理专家伊丽莎白·格雷斯·桑德斯(Elizabeth Grace Saunders)提出的,所谓的三明治工作法,就是把自己喜欢做的事情,和自己不喜欢做的事情交替处理,就像三明治一样,有土司、有馅料,交替摆放,一口咬下去,不仅营养丰富,且非常美味。

桑德斯经常使用这种方法工作,就是在做自己喜欢的事情之前,要求自己必须完成一个自己不太喜欢,但是必须完成的事情。就这样一来一往,把不喜欢的工作也完成了,心情自然也是愉快的。

这有点像很多人在吃东西的时候,喜欢把自己最喜欢的放在最后吃,道理是一样的,就是用自己喜欢的东西当作奖赏,让自己有意愿与动机把其他比较不喜欢的东西吃完或做完。

当你被工作中的一些琐事困扰，没有工作动力时，你也可以试试这种方法，将喜欢的事情和不太喜欢的事情归类，然后交替进行，这样时间就不会那么难熬了。

小总结

在同一个工作岗位待久了，人难免对一成不变的作息感到无趣，甚至厌恶。你可以每天做些微改变，让一成不变的工作节奏有些新的变化；也可以通过三明治工作法，在枯燥的工作任务中，安插一些可以让自己开心的任务或是短暂休息，这样就能改善你的倦怠感。只要自己的心态对了，哪怕是在同一个工作岗位上待了几十年，都不一定会生出厌倦感。

想一想

假如你可以自由选一份工作，唯一的条件就是10年不能换工作，那么你会选择什么工作？为什么？

Section 22

远离职场"丧星人"，
做好能量管理

我曾经收到粉丝的一则短信，上面写着：

> 扬名老师，我最近上班时总是提不起精神，体力下降了很多，老是犯困，每天焦虑、失眠，感觉自己天天疲于奔命，一点都感受不到工作的乐趣，我该怎么办呢？

我想不仅是他，很多职场工作者都有过这种丧丧的感觉。比如：早上起来，主管要你到办公室参加会议，听了半小时就开始走神；中午吃完午饭就犯困，不睡一会儿，下午就没精神；下午还没到下班的时间点，就无心工作,感觉脑子好像僵住了,没办法思考复杂的问题。夜里虽然身体很累了,但睡眠质量却很差。

感到很累、很忙、很丧,没有工作动力,这时候你需要做的是能量管理,让自己恢复精力。

认识能量管理金字塔

什么叫能量管理,具体又要如何做呢?

"能量管理"这个词,最早是由心理学家吉姆·洛尔(Jim Loehr)和他的事业伙伴托尼·施瓦茨(Tony Schwartz)在《能量全开:身心积进管理》(*The Power of Full Engagement: Managing Energy, Not Time, Is the Key to High Performance and Personal Renewal*)一书中提出的。为了解释它的内涵,洛尔建构了一个金字塔模型:请想象你头脑中有一个金字塔,由下到上分为四层,最底层是"身体",第三层是"情绪",第二层是"心智",最上一层是"精神"。

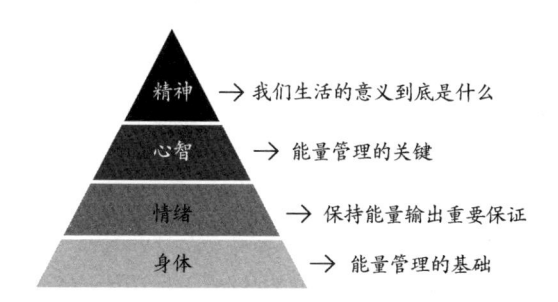

```
    精神  → 我们生活的意义到底是什么
    心智  → 能量管理的关键
    情绪  → 保持能量输出重要保证
    身体  → 能量管理的基础
```

能量金字塔模型

当你理解这个模型之后,就能明白什么是能量管理,以及为什么要做好能量管理了。下面我们就从金字塔底层开始,由下往上,详细了解每一层的具体含义。

最底层的"身体",是能量管理的基础。这很好理解,当你体能不行,身体素质差,会很容易感到疲惫、精力不足。这就好比汽车有了引擎就有动力一样,体能好的人,心肺功能佳,大脑的供血供氧都会比较好,长时间持续投入工作也不会觉得累。

你看,世界上著名的企业家、职场精英等,99%都非常注重锻炼身体。比如:万科集团创始人王石喜欢登山，阿里巴巴创办人马云喜欢打太极拳，脸书创始人兼首席执行官扎克伯格（Mark Zuckerberg）喜欢跑步。只有保持充沛的体能，才能应对高强度的工作和学习。

接着往上看第三层"情绪"。你可能会疑惑情绪和能量有直接关系吗？当然有。想想看，假如你今天早上出门遇到堵车，进公司迟到还被主管当面抓到，情绪一上来，心情就会不好，上午的工作也肯定会受影响。但如果你早上起来神清气爽，心情很好，这一天都会觉得能量满满，精气神十足。

然后你再回想一下，在前面讨论"情绪焦虑"的部分，我们提到过，大量的心理学研究显示，情绪对人的记忆力、决策力和认知能力都有影响。所以，积极的情绪是保持能量输出的重要保障。

如果说体能是能量管理的基础，情绪是能量管理的保障的话，那么第二层的"心智"就是能量管理的关键。

因为只有你足够专注，你的能量才能有效地输出，并创造有效的结果。没有专注力，就好比是空转的引擎，无法输出能量，也无法收获成效。高效工作和学习都需要深度专注，这甚至是专家和普通人最大的区别之一。

剩下一层是金字塔最顶端的"精神"，也就是我们生活的意义到底是什么。当你找到它，精神层面得到满足，对某一件事怀有热情，会激发自己最大的潜能，产生最大的能量，在你完全投入时，根本不会觉得累，甚至以苦为乐。

心理学小科普

吉姆·洛尔博士是全球知名的绩效心理学家，在能量管理培训上的成就享誉全球，出版过10多本畅销书，其中《能量全开：身心积进管理》及《人生，要活对故事》（*The Power of Story: Change Your Story, Change Your Destiny in Business and in Life*）曾经在中国台湾地区出版。他曾与《财富》世界百大、五百大的客户，如宝洁集团（Procter & Gamble）或美国联邦调查局（FBI）合作，提升员工的能量管理；也协助多位国际知名运动员，包括奥运竞速滑冰金牌得主丹·简森（Dan Jansen），获得更卓越的表现。此外，洛尔也是美国人类行为研究所（Human Performance Institute）的共同创办人，这个研究院后来被强生集团收购，目前提供两方面的课程：提升绩效表现以及对抗压力。他最新出版的著作 Leading with Character: 10 Minutes a Day to a Brilliant Legacy Set 强调一个人应该着重于发展个人的性格特色，并找到自己的核心价值，如此才能建立自己的传奇。

因为热爱，所以坚持

我写科普文章大概坚持了10年，很多人都很好奇，我怎么会有那么多时间来写东西。上课做科研占用了我大部分的时间，回到家还要陪伴两个孩子，几乎没有时间写文章。后来，我找到了一个专属于自己的写作时段，我在凌晨 5 点起床，写到早上 6 点半孩子们起床。除非有特殊情况，基本上每天如此。

之所以能够坚持到今天，并不是说我有多自律，而是我通过这件事找到了生命的意义，每一个读者的留言和来信都让我拥有成就感，因为我衷心希望心理学能够帮助大家，让每一个人都拥有更幸福的生活。因为热爱，所以坚持。这从侧面也证明了，意义感其实是能量的来源。

综上所述，我们可以得出一个结论：一个人的能量主要来自充沛的体能、积极的情绪、较高的专注度，以及生命的意义感。

在认识能量管理的金字塔模型，了解能量所涉及的四个层面之后，要找到具体的管理方法就很容易了。

如果把能量比喻成一块蓄电池，工作生活需要耗费你的能量，是放电的过程；而饮食、运动和休息，是充电、补充能量的过程。想要电力（能量）满格，就需要多充电、少耗能，也就是开源和节流。以下就从这两个方面分享具体的方法。

开源：增加能量促进因素

要开源，多充电，增加能量促进因子，也就是饮食健康、适量运动。

饮食健康

正确的饮食方式和饮食结构，能够让我们在一天中保持充足的能量。比如：少食多餐，每顿不要吃太饱。如果吃得很饱，大量血液进入消化道，降低大脑的供血，就会让你感到疲倦；其次是多吃绿叶蔬菜和高营养、低热量的食物，如果你不知道如何判断，只要记得蔬菜、含糖量低的水果等属于营养高、热量低的食物，而面包、米饭和甜点等则属于营养低、热量高的食物；最后就是要多喝水，因为身体缺水也会产生疲劳。

适量运动

世界卫生组织（World Health Organization, WHO）针对18~65岁的成年人，推荐每周至少进行150分钟中等强度的运动，这等于一周五天，每天需要运动半小时。如果想要做好高效的能量管理，每天就要运动1小时。

你可以找到一项自己喜欢并适合的运动项目，例如跑步、游泳、打球、跳绳等，哪怕是每天慢慢地走一段路，都有助于能量的恢复。如果你上班特别忙，没有时间运动，我建议你不妨尝试站着办公，每工作1小时，就活动一下颈椎和手臂，或者做两个深蹲，都能帮助你缓解疲劳。

节流：减少能量耗损因素

说完怎么开源，我们接下来谈节流，也就是减少能量耗损因素。这一节我想重点说一说消极情绪和虚无感。

走出消极情绪

你应该有过这样的经历,当你在工作时,被太多负面情绪缠绕,根本无法集中注意力去做事情。因为你的能量都被用来和情绪较劲了,没有心思工作。这时,你应该怎么办?

这就要再回溯前面介绍的"解套五步法",也就是通过自我提问和反思的方式,将情绪可视化,最后从情绪中走出来。以下简单列出五个提问反思步骤(详细解说与范例,请参见"如何才能成为情绪稳定的成年人"):

当你从"想"变成"做",从陷入情绪乱如麻的状态,切换到行动时,杂乱的思绪就会慢慢减少,专注力逐渐集中,你的能量就不会徒劳地和情绪较劲,开始转移到工作上。下次,当你在工作中情绪乱如麻的时候,不妨试试看。

摆脱虚无感

"虚无感"和前面提到的"意义感"是相对的。当你觉得工作没有意义、很虚无的时候,自然就像一只泄了气的气球,没有干劲;而当你在做自己热爱并且有成就感的事情时,会有"取之不尽,用之不竭"的能量,哪怕再苦再累,也会想办法坚持下去。因此,如果你没有找到自己的使命所在,没有发现价值感,再怎么学习能量管理,也是治标不治本。

当然,人的使命是需要我们一生探索的命题,但你可以在目前的工作中,去寻找它的价值和意义。

不管是帮助某一个群体,还是方便了大家的生活,这中间有你的投入和参与,都会产生不小的价值。当你在工作的时候,想象着某个群体因为你而受益,那么你可能就会更有动力。所以,多去挖掘自己工作的价值,让你的付出有意义,会在无形中带给你莫大的力量和支援。

小总结

人生是一场马拉松，充沛的能量能帮助你跑得更加持久。所谓天生精力旺盛的人，都是特别会管理能量的人，他们充电快、耗能低，能够持久待机。

能量管理是一门终身的功课，希望你从今天开始，行动起来，成为一个能量充沛的人，活出生命的质量。就像在缺水时期，我们可以通过人造雨来开源，同时，也利用限制用水，来延长水库的供水时间一样。所以，除了提升自己的能量之外，怎么节流也是很重要的，双管齐下，才能帮助你长久地处于能量满满的状态。

想一想

如果让你说出自己目前工作中的两点意义感，你觉得是什么？

Section 23

所谓捷径,是在自己擅长的领域做到极致

你听说过"工匠精神"吗?它形容的是那种能把事情做到极致,并且不断超越极致的精神。

具备工匠精神的人都是在一件事情上磨砺几十年,拥有一流的技艺,并且有修为的人。能够做到这样,真的很不容易,特别是在提倡"斜杠"的今天,我们往往很难在一件事情上始终如一,坚持到老。那到底是应该在不同领域都有所涉猎,还是应该在一个领域内努力钻研呢?

这个问题,我从我的博士班导师英国约克大学的

巴德利教授身上得到了答案。那就是：当你确定自己的方向后，就应该在一条道路上努力耕耘，争取成为这个领域的佼佼者。

巴德利教授60多年来一直都在做与记忆相关的研究，把人的记忆系统研究得非常透彻，也因此有"工作记忆模型之父"的称号。因为足够深入，他对其他领域的知识能够触类旁通，对其他领域也有深入的观察和了解。所以，他每次旁听其他领域的研究会议时，总能提出发人深省的问题。

看到这里，你可能会有点疑惑，之前我不是鼓励大家做"斜杠青年"（请参见"你离找到真实的自己还有多远？"），多跨界，多尝试吗？怎么现在又说专精在一个领域就好了呢？这不是互相矛盾吗？

其实这并不矛盾。成功的"斜杠人才"，都是在自己擅长的领域有了一定程度的积累之后，在此基础上再往外拓展的。

十年磨一剑的坚毅内敛

十年做一件事情的人和一年做十件事情的人，注定命运截然不同。很多人由于频繁地换工作，职业轨迹杂乱无章，呈零星分布的点，无法形成一条主线，更无法形成势能。有些人偶有拓展，但他们的职业轨迹有规律可循，基本都在一条主线上。

如果你只是急于当个"斜杠青年"，却什么事情都不专精，没有一项可以安身立命的技能，很快就会被取代。反观那些在特定领域专精的人，稳稳地走，反而职业发展的道路越走越宽。

比如享誉国际的书法家董阳孜，曾专注于书法领域多年，其作品总让人觉得充满生命力。她坚持即使同样的字句，也不能用同样的方式呈现，在她笔下，汉字的美是可以通过很多不同形态来展现的。近年来，董阳孜不满足于现状，陆续做出了很多跨界的努力，如与服装设计师合作，用书法作品来启发服装设计的创作。还有一次,是把书法作品和音乐搭配起来,用文字来呈现音乐的律动,都激发出了很棒的火花。

所以,在你想走捷径,不断抄近路时,不如做减法,老老实实地在一件事上修炼自己,达到专精的状态。想要成为真正的高手,最关键的一步就在于熟悉并掌握这个行业或领域的模式或规则。当你掌握这些核心能力后,再适时迁移到其他领域,通过不断修炼和迁移,直到拥有独一无二的竞争力。

心理学小科普

到底专精在一个领域,还是成为跨领域的"斜杠人才"呢?这个议题长期以来一直都在被讨论,我在前面几节也提到了刻意练习的例子,这里我想分享比尔·盖茨在他2020年冬季书单中推荐的一本——《跨能致胜:颠覆一万小时打造天才的迷思,最适用于AI时代的成功法》(*Range: Why Generalists Triumph in a Specialized World*),或许能够给大家一些启发。

比尔·盖茨认为微软的成功，就在于他们网罗人才时，不仅看重一个人的专业能力，而且也看重广度，也就是一个人对于不同领域的涉猎与整合能力。所以，当你在追逐一个领域的专才时，请记得提醒自己，也要对其他领域有一些涉猎，多思考自己的专业在其他领域能有什么样的发挥。往往你会发现，领域之间有很多的共通性，绝对不是那种"井水不犯河水"的关系。

那么，如何才能让自己在擅长的领域中成为一个厉害的人呢？

以学徒心态刻意练习，向导师学习内隐知识

第一种方法是，以学徒心态刻意练习，向导师学习内隐知识。

曾被誉为"印度洋上最伟大厨师"的米其林餐厅主厨江振诚，在纪录片《初心》当中，提到自己在蒙彼利埃（Montpellier）普赛兄弟所开的感官花园餐厅，

从学徒开始做起，直到 9 年后成为主厨，又过了一段时间，才离开这间餐厅。

对现代人来说，要跟同一位导师学习 9 年，真的很难想象；但是很多宝贵的知识，都不是在传授知识的时候，传授者会主动或有意识提到的。就像你照着食谱做菜，心中一定会有很多的疑问，比方说你想做狮子头，食谱中写要用刀背拍打猪肉馅，然后摔肉让它出筋。这么简单的一个指令，就有很多不同的做法，如用刀背拍打肉，刀是要垂直着，还是跟肉平行去拍打；或者摔肉要怎么摔，是分成小团去摔，还是一整块去摔呢？

食谱当然可以把每个细节都写出来，但是这样的食谱恐怕没有人会想要拿来做参考。这也不是大家的错，因为我们的大脑有点懒惰，不喜欢花那么多力气学东西。可是，如果你是跟着一位大厨学习做狮子头，你可能一开始还只能帮忙洗碗、备料。但有心的你，在这些过程中，都可以通过观察来学习，久而久之，当你有一天真的要开始做这道菜的时候，你早就从大厨身上学到了很多。

所以，在确定了自己的职业方向后，有机会的话，建议你尽可能找到这个领域的高手，耐着性子跟他们近距离地学习。看他们是如何做事做人、如何解决问题的，从他们那里汲取养分，让自己快速成长。

心理师成长法

当你经过刻意练习，顺利出师之后，在往后的职业生涯中，如果你想要继续保持职人心态，不断超越自己，我会推荐你开始尝试第二种方法。我把它称为"心理师成长法"。

具体是什么意思呢？有些人可能对心理咨询师这个行业不太了解，一位成熟的心理咨询师需要多年的学习和实践，他们即使取得了营业执照，能够接待来访者，也需要找一位督导进行督导考核。也就是说，一位心理师，他既是一个学习者，需要不断进修学习；也是一个实践者，给来访者提供心理咨询服务。除此之外，他也是一位大师，给另外一位同行担任督导，为他答疑解惑。学习者、实践者、大师，心理师在这三种角色和身份中来回切换，让自己得到全方位的成长和锻炼。

不论你现在的身份是什么，职业是什么，你也可以采用同样的方法。例如根据自己的行业和工作，想想看：

如果你是"学习者"，你还需要做哪些事情提升自己？（比如报名进修班，或者参加线下工作坊，了解行业最新发展。）

如果你是"实践者"，你需要在实践的过程中得到哪些技能上的提升？（比如优化工作流程，提高做事效率，等等。）

如果你是"大师"，你可以给别人提供什么帮助？（比如你可以在自媒体账号中分享自己的工作经验，或者提携刚入行的新手，给他们一些成长建议。）

当你这样做的时候，你会发现自己的格局更大、眼界更宽，同时拥有三种看问题的角度和思维，比闷着头学习或做事，更容易自我突破。

小总结

一棵参天大树，成长之初，一定是先深深扎根，然后才开枝散叶。如果一开始就想着拓展领域和地盘，肯定不会长成一棵大树，只能是一堆灌木丛。

对于我们普通人来说也一样，在找到你擅长的职业方向之后，只有通过刻意练习，让自己成为一位高手，才能拥有更多的选择。希望这小节的内容能对大家有所启发，早日确定自己的方向，不断提升自己，成为一个领域中真正厉害的人，然后再"开疆扩土"，跨界提升自己。

想一想

你有想过要成为哪个领域的专家吗？你觉得怎么做才能实现这个目标？

Section 24

如何保持工作与生活的平衡?

一位30多岁的职场妈妈发了一封电子邮件给我,说她是一个工作狂,生完孩子没多久就回去上班,希望趁着年轻,能够再往前冲一冲。但这份工作需要经常加班、出差,她已经很久没陪孩子了。这次出差一周回来,抱孩子的时候,两岁的儿子竟然对她很陌生,她非常自责。她在信中问我:"都说完美的职场女性能够平衡好生活和工作,我怎么就做不到呢?"

我非常理解她的处境,这是很多职场妈妈面临的共同困境。当时我原本想推荐她一些自我调节的方法,但犹豫半天，还是决定戳破实情，让她放下对完美职场女性的想象。于是我回复她说："职场妈妈很难同时兼顾好事业和家庭，你不必因为自己没做好而自责。"

之所以会给她这么务实的建议，因为我看过美国普林斯顿大学荣誉教授安·玛莉·史劳特（Anne-Marie Slaughter）的一篇文章《为什么女人不能拥有一切？》（Why women still can't have it all）。在这篇文章中，她提到自己担任美国国务院高官的那两年，工作实在过于忙碌，以至于她根本无法兼顾家庭，特别是她两个孩子的教养。她在文章中提到，虽然她还是相信女人（或者男人）可以什么都能做到，但她不认为在现行体制下，这件事情是有可能发生的。

以"和谐"取代"平衡"

生活和事业，就像是小丑杂耍时手中抛起的球，一旦出现任何意外，就打破了原本的平衡。为什么鱼与熊掌无法兼得，生活与工作无法保持平衡？在这种情况下，我们还能做些什么吗？

我们首先来看看为什么生活和工作很难达到平衡，背后一个很重要的原因，是因为平衡本身就是一个伪命题。"平衡"这个词，它割裂了工作和生活的关系，把两者对立起来。

社会学家崔西·布劳尔（Tracy Brower）曾说，平衡是一个很局限的概念，它让我们人为地把生活和工作对立起来。想想看，当你说要保持工作和生活的平衡时，你是不是把它们放在天平的两端，就像坐跷跷板一样，呈现非此即彼的关系？其实，工作只是你生活的一部分，两者是无法分割的，而在工作上收获成功的果实，也会提高你的生活幸福感。

语言的使用会影响我们的思考方式，你可以试着把"平衡"一词换成"和谐"。正如美国亚马逊公司创始人杰夫·贝佐斯（Jeffrey Preston）曾说过的，比起"工作与生活的平衡"，他更喜欢"工作与生活之间保持和谐"这个说法，因为他认为平衡就意味着严格的权衡，而和谐则让两者更好地融合在一起。

绝对的"平衡"并不存在

布劳尔认为试图平衡工作和生活，只会给你增加更多的不安全感。因为"平衡"这个词，代表着一种随时会被打破的平静状态，而我们的生活充满了不确定性。也就是说，因为平衡是一种动态调整的过程，所以绝对平衡的状态根本不存在。

比如你希望工作能够保持全勤，但今天孩子生病了，你为了孩子不得不请假一天。再比如，你希望周末能给家人高质量的陪伴，但主管突然通知要加班，你不得不搁置出游计划，回到公司加班。生活总是充满各种不确定性，随时打破你努力维持的平衡状态。如果你强行追求平衡，只会让自己精疲力竭。

所以，我想劝告那些努力维持生活和工作平衡的职场人士，特别是辛苦的职场妈妈们，放下完美心态，不要再自我为难和较劲。

心理学小科普

崔西·布劳尔是一位社会学家，她的经历相当多元，除了拥有密歇根大学社会学博士学位之外，还拥有组织文化管理以及企业不动产的硕士学位。长年在企业担任顾问的她，和办公室家具特别有缘分，曾在人体工学椅知名品牌 Herman Miller 任职长达 20 年的时间，现在任职的 Steelcase 也是一家家具公司。不过，她在这些家具公司的工作都是与企业组织文化有关系的。

她认为我们追求工作与生活的平衡，有着本质上的错误，两者的关系不仅仅是在天平的两端。她第一本书 Bring Work to Life by Bringing Life to Work 的书名就说明了工作与生活之间的关系错综复杂。2021 年出版的第二本书 The Secrets to Happiness at Work，则希望协助人们在工作中找到快乐的秘诀。

既然很难达到平衡,是不是意味着我们就不用努力了呢?答案是否定的,我们可以用一些方法让生活和工作更和谐。

阶段性调整重心,创造动态平衡

第一种方法是,阶段性地调整重心,创造动态平衡。怎么做呢?你可以根据自己阶段性的人生目标,交替做出让步,选择某一个阶段把家庭作为重心,或者把工作作为重心。

奈吉·马许(Nigel Marsh)曾在 TED 做过一次演讲,非常受欢迎,主题是"怎样达到工作和生活的平衡"。在演讲中,他分享了自己的真实经历。

马许曾经事业有成,却感到压力沉重,不仅体重严重超标,而且处理不好自己的婚姻以及和四个孩子的关系。他说自己"吃得太多,喝得太多,工作太努力,忽视了家庭"。他意识到这样下去不行,所以辞掉了工作,专门跟妻子和孩子相处了一年的时间。

虽然这一年中,他觉得日子过得还不错,但是马许并没有学会怎么保持工作与生活的平衡,他只因为没有工作,所以找回了生活。他认为如果你工作与生活之间出了问题,不要贸然辞职,尤其在你没有经济基础的情况下。"我们需要的是在问题中解决问题,而不是逃避问题。"

马许在演讲中建议,不要拿一天的时间为单位,要求自己实现工作和生活的平衡。因为总会有各种各样的突发状况,打破这种平衡。把单位时间拉长,放在一个月、一年甚至几年的时间周期内,让自己实现阶段性的平衡。

仔细想想,确实是这样。我们每个人在不同的人生阶段,都有不同的人生命题需要完成。不要试图做到事事完美,尝试给自己做减法,把每个阶段中最重要的任务完成即可。

例如,刚开始踏入职场,你需要以工作为重心,完成自己的职业探索,找到职业方向;结婚生子之后,你需要把一部分精力投入在照顾家庭、维系亲子关系上。你可以给自己制订一个三年或者五年规划，把时间和精力阶段性投入某一个方面，然后再交替让步，慢慢地实现你的工作和生活目标。

做好时间管理，提高做事效率

除了阶段性地按照规划目标调整重心，日常生活中，如果你做事的效率越高，就越能兼顾好生活和工作。所以，接下来要介绍的第二种方法，就是做好时间管理，提高做事效率。

先把时间安排给"大石头"

有一位妇产科女医生，她在2013年出版了一本书，分享自己怎么养育四个小孩，同时还拿到哈佛学位的故事。她在书里面提到一个石头理论，说我们要把自己拥有的时间资源，当作一个可以装石头的容器，在做时间规划的时候，首先要把一定要做的事情填上，也就是把大石头放进去；当这个容器没办法再放进大石头时，你可以改放小石头，就是比较次要的事情；而当这个容器连小石头也没办法放的时候，你可以改放沙子，也就是更不重要的事情。

她每个星期一的凌晨三点，都会把自己一周的行程先规划好，也因为她用了这样的方法，让她可以完成比别人还要多的事情。我觉得一个人的行程从凌晨三点开始，真的有点早，如果不是像这位医生一样的人，大概很难照这样的方式来做时间管理。

在别人眼中，我也算是一个时间管理很好的人，我会先把最重要的事情放进行程中，然后我会从空档去做规划，思考还可以利用这些时间来做什么，以及问自己有哪些事情是需要舍弃不处理的。

另外，我在做时间规划时，也会依据事情的属性来做安排，有些事情会安排长一点的时间，有些安排短一点的时间。重要的是，我一定会保留一些弹性时间，而这些弹性时间是以备不时之需用的，或者当事情都完成的时候，我可以拿来休息的时间。

时间管理是一项很重要的人生技能，特别是当你处理的事情比较多、比较杂的时候，更要练习这种能力。依据任务的重要性与急迫性，做好规划与安排。要事在前，先把重要的事情解决之后，再去做其他事情。

分阶段设定达标的时间

在规划的时候，也要设定这段时间要达成的目标，任务若不是一次就能够完成，就要切割成不同的里程。一旦安排了这一小时要做什么事情，最好就只做这一件事情。这样做的好处是：

第一，你能更专心地处理一件事情，提高效率。

第二，一段时间之后就会转换做另一件事情，你不会因此产生倦怠感。

第三，每件事情都有一定的进度和结果，你会比较有成就感，也不会感到慌乱。

小总结

平衡工作与生活是一件相当困难的事，事实上根本很难达成。但是，你可以告诉自己，在人生的某些阶段，工作要占比较重要的位置，而哪些时候生活又要占比较重要的位置。不要求自己一定要时时刻刻维持平衡，这样压力反而会比较小。

除了调整重心之外，如何管理自己的时间也很重要。你要练习做选择，把事情依据重要性排序，并按优先级安排处理，而不是齐头并进地想要完成所有事情。有些事情如果不是一定要由你来完成，那你就要把这件事情交给别人来处理，这样你才有时间处理更重要的事情。

想一想

请回顾你上个星期的行程，帮这些事情排序，然后想想哪些时间可能浪费了，你又可以拿那些时间来做什么事情呢？

PART 5

关系焦虑

人是群居动物,从来到这个世界开始,就进入了关系的网,需要处理和同事、家庭、朋友、伴侣等各种各样的人际关系。最后一部分我们就来一一探讨这几种关系焦虑。

Section 25

无论结婚还是单身,幸福都不依赖别人

下面要聊的第一种关系,大家应该都不陌生。

恐婚、剩男剩女、持续走低的结婚率……每次网络上只要出现这样的婚恋话题,总会引起热议。一方面,男女如果年过 30 还没结婚,往往会成为亲朋好友议论的焦点,好像单身是一种罪过。另一方面,在家暴、出轨、丧偶式育儿新闻层出不穷的今天,很多人恐婚的情绪越来越严重。

对比起来,单身就一定会孤独终老吗?结婚就意味着自我牺牲吗?单身和结婚,哪一个更幸福?

著名作家钱锺书曾说:"婚姻是一座围城,城外的人想进去,城里的人想出来。"无论是单身还是结婚,都各有各的不得已。我们应该如何理性地看待这个话题?如何不依赖任何人获得幸福呢?

无论进不进城都要爱自己

我们先来回答第一个问题,单身和结婚到底哪个更快乐?

美国学者李察·卢卡斯(Richard E. Lucas)曾经追踪调查数百名已婚者和未婚者,经过长达10年的研究发现,结婚并不会显著提高人们的幸福感。结婚之后,幸福感的提高也只是暂时的,是一种蜜月期效应,最后都会降到同一水平。

另一项有说服力的调查研究,是由哈佛大学罗伯特·沃丁格(Robert Waldinger)教授所主持,有史以来历时最长(共75年)的幸福感研究。这项研究发现:

有爱的亲密关系，让我们觉得人生充满幸福感和价值感。请注意，关键词是"有爱的亲密关系"，也就是在健康的亲密关系中，伴侣如果能够给对方需要的大大小小的支援，双方会觉得很幸福。不然的话，那些"有毒"的情感关系，只会给你带来不幸。

综合上述心理学研究可以看出，婚姻并不一定会让你变得更幸福。所以，无论是结婚还是单身，都一定不要把希望放在别人身上，而是应该学会取悦自己，让自己在任何一种状态中都能获得幸福。

心理学小科普

罗伯特·沃丁格是哈佛医学院临床精神病学教授，其专长是成人的发展与适应。在他的研究中，最著名的就是参与了格兰特研究（Grant Study），这是一项哈佛大学发起的追踪研究（自1938年开始），目的是找出幸福的原因。

身兼麻省总医院心理动力治疗与研究中心教授的沃

丁格，同时也是一位禅师，他认为打禅能够让我们厘清什么是生活中最重要的事情。他在 TED 上的演讲产生了巨大反响，目前为止他除了出版教科书以外，还没有其他相关的作品。不过，大家可以在他的博客（blog）找到一些他的科普文章。另外，他也创立了"Lifespan Research Foundation"（寿命研究基金会），其宗旨就是希望协助个人以及组织过更充实、更有意义的生活。在个人方面，这个基金会主要提供自学的网络资源；在组织方面，他们提供顾问、咨询的服务，让组织能够打造一个对员工更友善的环境。

至于具体应该怎么做？下面分别就单身和结婚两种状态，来谈谈我的建议。

让自己有底气保持完美单身

对于目前单身或者未来也希望保持单身的人来说，希望你能有底气让自己保持完美的单身。所谓"有底气"，是指经济上独立自主，精神上充盈丰富。

积累经济基础

某电视台曾经播出过一档节目，这个节目记录了七位单身老太太的生活，她们的年龄从71~83岁不等，她们一起买下了同栋公寓的七间房屋，组成了一个养老姐妹团。

平日里她们一起旅行，春天一起赏花，冬天一起泡温泉。生活中缺什么，或者遇到什么困难，就互相帮助一同解决。她们化着精致的妆容，温暖着彼此的生活，过得比同龄人更加幸福。

如果平常仔细观察，你就会发现，身边那些能够把单身生活过得风生水起的人，大都有一定的经济基础与物质保障。例如节目中的七位老太太，她们有的是电视台的新闻播报员，有的是报社记者、广告撰稿人，有的是心理咨询师，年轻时都在各自的工作领域中非常努力。

所以，当你单身时，你就有大把个人可以自由支配的时间,你可以把这些时间全情投入在工作领域中,为自己的生活积累经济基础。有了经济上的保障,你就可以不依靠任何人,让自己的单身生活过得更有质量。

培养个人兴趣

除了经济上的独立自主外,你还可以把时间花在兴趣的培养上,比如学习瑜伽、插花或者画画,让自己的精神层面更丰富多彩。

我最近看到的一个女性的故事就很打动我。她是一个36岁的"大女生",是普通的上班族,在单身公寓独居了11年。她经常在社交平台发文,分享一些生活技巧,所以拥有了很多粉丝。她用照片记录自己的穿搭和自己做的美食,还会介绍一年四季家里房间的布置,并推荐一些好用的收纳工具;后来,她还出版了一本专门介绍独居日常生活的书,通过她书中的文字和图片,你能感受到她对生活的热爱,还有对生活的认真态度。

这个女生在我看来就是很幸福的人——她选择把自己的生活设计得井井有条。我们身边肯定也会有这样的单身朋友，即使工作很忙，也能想清楚自己的价值所在，选择把生活过成自己想要的样子。

所以，单身并不意味着孤独，一个人也能照样收获幸福。当你能在单身状态中充分享受一个人的时光，更加了解自己，让生活过得充实而有趣，在你碰到对的那个人之后，也能更好地经营亲密关系，创造更加稳定幸福的生活。

保持独立自我，学会取悦自己

谈完了单身状态时如何收获幸福，我们再来看看，在已婚状态中要如何取悦自己。

前一阵子我看了斯嘉丽·约翰逊（Scarlett Johansson）主演的《婚姻故事》（Marriage Story），影片讲述的是一对夫妻从相爱到走入婚姻，再渐行渐远，最后婚姻破裂的故事。这部电影非常真实地再现了婚姻里的真相。在婚姻中，再和谐的关系也经不起日常琐碎的反复拉扯。女性想在婚姻生活中保持独立的自我，非常不容易。

女性在婚姻生活中，无论如何，也不要把丈夫和孩子当作世界的中心，完全丧失自我。婚姻不是让女人拥有快乐生活的唯一支柱。

所以，女性在结婚之后，一定要在婚姻中继续保持自我学习的能力，让自己独立自主。不要把丈夫的人生当成自己的人生，就好像自己的双脚不会走路，每一步都踩在丈夫的脚印上。更不要在有了另一半之后，就丧失独立的精神和独立思考的能力，失去把握自己人生方向的自主性。下面列举几点具体建议以供参考：

（1）有自己喜欢的工作

只要条件允许，最好能够有一份自己喜欢的工作。很多女性在婚姻中感觉没有价值，主要是因为淹没在琐碎的日常生活中，丧失了自己。做自己喜欢的工作，能够让你独立自信，有成就感。在工作中，你能够维持稳定的社交圈，能够不断获取新的资讯，与社会保持同步。

（2）充电学习

多看一些对自己有滋养的书或者节目，拓宽自己思维的宽度和深度；或者多去旅行，开阔自己的眼界。这样做的目的是，不让自己的格局被禁锢在旧有的认知模式里，比如父母说的都是对的，或者老公说的都是对的，陷入在家庭的"一亩三分地"之中。

（3）建构社会支持系统

给自己建构一定的社会支持系统。比如像美国影片《欲望都市》（Sex and the City）里的主角那样，交几个能随时支持你又不越界的好友，无论你有多么离谱，做什么选择，她们都能比恋人更好地陪伴你、理解你。

2020年有一档很受欢迎的真人秀节目《乘风破浪的姐姐》，几个性格不一的"姐姐"，无论是已婚生子的万茜、郑希怡，还是保持单身的阿朵、金莎，在她们的身上，我们都能看到饱满的精神状态，不同的情感经历，并没有影响她们对自我的追求。这也是我想跟大家说的：无论你的感情状况如何，你都可以是完整的你，可以给自己满满的幸福感。

小总结

要在生活中获得幸福感，就不要依赖别人，先认识自己，知道自己是个怎么样的人。在这个时代，我们已经有更多的途径和机会去探索自己，去思考自己想要什么样的关系，而且社会也比以前宽容了许多。请准备好分享和接纳，无论你现在单身，还是在恋爱或婚姻中，你都会收获更多的幸福感！

想一想

你现在的感情状态如何，你觉得自己在不同的状态中有什么不同或变化呢？

Section 26

如何收获更有质量的亲密关系?

自从做了心理学科普之后,我常会收到很多关于亲密关系的提问。

比如前几天有个学生来找我,说他和女朋友总是分分合合,明明没有吵架,女友却常跟他提分手,不像以前那么爱他了;还有女性朋友来问我,她男朋友的某句话、某个动作或表情是什么意思,是不是在暗暗透露已经不喜欢她了。另外,还有一位网友发邮件跟我说,自从她结婚之后,总觉得丈夫和她有好多地方其实不合拍,怀疑自己没有遇到对的人。

怀疑、患得患失，希望不断得到爱的证明……这是很多人身处亲密关系时的表现。而所有这些表现的背后，都有一个共同的问题症结，那就是"关系焦虑"。意思是，你在一种亲密关系中持续感到焦虑，而这种焦虑又被带到日常生活中，导致一系列的争吵和压力，让你们的亲密度直线下降。

那么如何缓解这类关系焦虑？怎样才能收获一段有质量的亲密关系呢？无论你是不是正处于一段亲密关系中，了解缓解关系焦虑的方法，都会让你在目前或者未来的恋爱和婚姻关系中更有信心。

前面我们已经对"关系焦虑"做了一些说明，那么如何判断你自己是不是处在关系焦虑中呢？以下是几个具体的例子以及三种关系焦虑的主要表现：

第一种表现是你会一直想去证明，想了解自己对于伴侣来说到底重不重要。

比如你可能会担心你不在的时候，他是不是想你，或者在你碰上什么麻烦事的时候，他会不会无条件地支持你、关心你。

第二种表现是怀疑，也就是你会经常怀疑伴侣对你的感觉。

比如他很久都没有回复信息，或者面对你的亲密举动有点迟疑，这时你就会质疑对方："你是不是不爱我了？"进而被你过度解读为，"对，他就是不爱我了，以前发信息都秒回，现在半天都不理我。"

第三种表现是患得患失，经常害怕对方提出分手。

比如为了保住这段来之不易的亲密关系，焦虑的你可能会勉强改变自己的行为举止，以避免两人之间发生任何矛盾。比如你明明很有时间观念，而对方却总是迟到，但你会一直忍着不说，生怕对方离开。你选择不正面冲突，伴侣做了让你非常不开心的事情，你可能还会担心对方生气，即使他没有表现出愤怒的情绪。

以上这些表现如果长期存在，很容易影响两个人的亲密关系。据我所知，大部分情侣之间的矛盾都是这些行为引发的。确实,这些表现很容易让另一方摸不着头脑,甚至抓狂,也会让双方的矛盾持续累积和升级,进而引发更大程度的焦虑。很多伴侣之间的感情基础就在这种恶性循环中渐渐消失了。

关系焦虑是从哪来的?

在开始谈如何缓解这些关系焦虑之前,我们先来了解一下关系焦虑的源头。

有人可能会说,是不是因为另一半太别扭了?如果简单地用"别扭"来解释的话,我们很容易忽略焦虑背后真正的需求。

焦虑源于我们的过往经历和性格特点,它反映的是我们对情感连接的渴望。有可能在你或对方的经历中,你们曾经遇到过很"渣"的伴侣,被深深地伤害过。比如经历过背叛、出轨、撒谎,或者无缘由地被宣告分手,这样的经验可能会让人很难再相信新的伴侣,即使他并没有做什么。有些话语或者行为，可能还会触发对方的记忆，让他们又想到之前的受伤体验。

还有一个最重要的焦虑源头是我们儿时发展形成的"依附关系"。你可能没有听说过这个名词，它是由美国心理学家约翰·鲍比（John Bowlby）提出的理论。鲍比在观察小朋友的过程中，发现他们在向妈妈表达依恋时，有很多不一样的交流方式，这些行为因人而异，而且会形成行为风格，一直伴随他们，直到成人。

依附关系大体上可以分为三类：安全型依附；不安全依附之回避型；不安全依附之矛盾型。根据研究，如果父母在孩子很小的时候，就能够及时关注和回应孩子的心理和生理需求，给他们足够的安全感去探索世界，孩子可能会形成安全依附。

第一类安全型依附关系的孩子，长大后对于亲密关系就会有更多的安全感，有可能建立良好的社交关系，也能给予伴侣更多的信任和支援。

其他两类不安全依附关系的人，在他们小的时候，可能父母无法时常满足他们的情感需求，或者限制他们自我探索，长大后，他们对于亲密关系就没有太多的安全感，会时常陷入怀疑、焦虑和自我矛盾之中。比如总是担心伴侣会突然离开自己，就像以前父母会突然抛下自己一样。

心理学小科普

约翰·鲍比的父亲是一位外科医师，他本来是要跟随父亲的步伐从医的，后来发现自己对发展心理学更感兴趣，就在大三那年放弃学医，到一所学校去教导适应不良的孩子，之后他表示这段经验对他来说非常重要。

他在第二次世界大战期间所做的一项关于小偷的研究，为后来的依附理论打下了很好的理论基础。在这项研究中，他发现一个人若在5岁之前和主要照护者有长时间的分离，会对这个人的成长产生很大的影响，养成盗窃习惯就是其中一个。另外他还发现，5岁前的孩子和主要照护者的分离时间越长,越有可能造成情感上贫乏的状况。

这个理论在依附关系中是非常重要的,但并非没有受到抨击,比如它没有考虑到家庭的社会经济地位、种族、文化等的影响。对于在线互动频繁的当代,到底在线的互动对依附关系又有怎样的影响,也是这个理论没有办法解释的。

说了这么多的现象和原因,你可能会苦恼:"我觉得自己有'关系焦虑',而且也察觉到一些深层次的原因,难道这意味着我永远不能摆脱它了吗?"其实你能做的改变有很多,首先我觉得你应该为自己喝彩,你已经能够正视自己的焦虑,并且尝试做出改变了。接下来我将推荐两个缓解关系焦虑的方法。

换位思考,尝试自我合理化

"自我合理化"的意思是告诉自己,在生活中产生一定程度的焦虑是正常的,在亲密关系中也是如此。当焦虑产生时,给予自己积极的心理暗示,告诉自己:"这很正常,每个人都会遇到这样的事情。没关系,我可以处理好的。"当你这样想的时候,某种程度上能够给你增加自信心和安全感。

除了自我合理化外,你还可以试着"换位思考"。比如对方很久不回复你的信息时,你会很生气,这时候你应该抑制自己否定他的冲动,先思考为什么他这么久不理你。很有可能你们前一晚吵了一架,他只是想和你冷战,或者不敢和你说话;也有可能是他今天临时有事,没办法及时回复。当你认真去分析原因的时候,你会发现自己不会一直去想"他是不是不爱我了",这样也能避免你掉入消极的情绪旋涡中,越想越觉得难过和不安。当你能够换位思考,站在对方的角度想问题时,就能更加了解对方的需求,拉近彼此的距离,增进彼此的亲密关系。

用正确方式沟通表达，加深彼此的理解

无论是自我合理化，还是换位思考，都是为了缓解你的焦虑情绪。当你处理好自己的情绪后，紧接着可以跟另一半用正确的方式沟通表达，说出你的担心，加深彼此的理解。

在表述前加一个"我"字

有一个很好用的沟通方式是，在你的表述前加一个"我"字，这样对方就不会觉得你是在控诉或苛责他。

比如当你感到不对劲的时候，你可以说"我觉得我们之间最近有点距离感，这让我有点担心你对我的感觉是不是变了"，而不是说"你是不是不爱我了"。和你的伴侣解释你的想法以及你的解决办法，相信如果你的伴侣真的在乎你的话，会和你好好地沟通，以解开很多的误会。

先说动机,后给空间

为了避免沟通时发生新的矛盾,当你和另一半提需求的时候,最好先说动机,然后给空间。

比如你们因为某件事开始冷战,你希望和对方好好沟通。你可以先说动机:"上周我们有了一次小矛盾,我希望能够从那次矛盾里讨论出规避矛盾的方法,我想了解你关于冷战这件事的看法,这样能够让我们更加理解对方,对彼此的关系更好。"然后给对方留有一定的空间,你可以说,"当然,如果你不想讨论的话,我也不会勉强你,什么时候你想讨论了就跟我说一下"。

当然,如果这些方法都无法缓解你的焦虑,请务必及时寻求专业的帮助。通过专业的咨询服务,你和伴侣也能更理解对方的感受和内在需求,并且在更有安全感的情况下诉说自己的经历。

小总结

"关系焦虑"是很常见的一种焦虑感受,看起来好像是伴侣引发的,其实很多时候是源于自身的情感需求没有被满足。当另一半不理解"关系焦虑"时,很有可能会引起更多的不愉快,让焦虑的人更加担心,两人的关系就一直恶性循环下去。只要愿意给自己或者对方一些时间,一起探索焦虑的源头,尝试去分析和沟通,我相信你们都会从这段关系中更加了解彼此。

想一想

你对于亲密关系是否曾经有过焦虑,你是怎样缓解这种焦虑的呢?

Section 27

上有老，下有小，如何跨世代顺畅沟通？

我有个大学同学，最近因为担心父母的身体健康，就把他们接到家里一起住，本来想着可以一家人共享天伦之乐，结果却是每天大小冲突不断。他的父母由于不熟悉电器的使用，差点把屋子给烧了；小孩也因为在家跟着爷爷奶奶生活，对于之前定下的规矩和要求都不太遵守了。每次在教育孩子时，父母也会插手，所以家人之间多了许多摩擦，我的朋友感到有些焦虑。

对于家里有老少三代住在一起的人来说，对前述场景一定不陌生，随着我们成家立业，有了孩子，我们就像一块三明治一样，被老人和孩子夹在中间。如何维护家庭的和谐，和老人、孩子顺畅沟通呢？下面我们就来聊聊这个话题。

网络上曾经有一个人气很高的话题——"和父母无法沟通的你有多绝望"，下面的网友留言相当踊跃，其中有一个点赞数很高的留言写道：

我妈每次讨论具体问题，跟我好像处在两个不同的逻辑时空……她的一切逻辑都是从自己的情绪出发。比如，高兴的时候就会和我说要像朋友一样，但是只要我和她的意见不一致，她就会开始说"你怎么可以用这种态度对我"，然后扯到"我辛辛苦苦把你养大"之类的，瞬间就让人觉得沟通无力。

就在你觉得和父母无法沟通的时候，转过身跟家里的孩子对话，你会发现自己更加无力。孩子的情绪化是你更难理解的，当他很想要一个玩具时，你跟他说家里已经有太多玩具，这次先不买了。他哪里会想起来家里面那些玩具，情绪一上来，一哭二闹三撒泼，根本不听你讲道理。

拆除三大沟通障碍

其实无论沟通对象是老人还是孩子,我们所面临的沟通障碍,归纳起来主要有三点,而了解这些障碍,并加以调整,就能逐渐缓解你的焦虑。

第一个沟通障碍就是"在沟通中没有倾听"。

不倾听的表现有很多种,最直接的就是走神和打断别人说话。比如长辈或者孩子回到家里,兴高采烈地和你分享事情,但是你并没有打算听,而是心不在焉地玩手机,或者强行打断对方,这会让对方觉得很讨厌。我了解大家每天上班都很忙,回到家中只想好好地休息一下,如果你能给对方一些简单回应,例如"哦?""嗯?""这样啊?""然后呢?",也能让对方好受一些。

第二个沟通障碍就是"控诉式表达"。

很多人在和长辈沟通的时候，都会听到"你怎么怎么样"的句式，比如"你真是太不像话了""我看你就是心太野了"，这种表达似乎把所有的过错和责任都推到了我们身上，很容易激起矛盾。

如果你有孩子的话，请仔细想一下，自己是不是也会不自觉地用这类句子教育孩子呢？当我们认为孩子做错事的时候，也经常会脱口说出"你脑子里天天都在想什么？"之类的话。为什么这种表达如此常见？因为它非常方便传达我们内心的不满和担心，也能快速否定你的沟通对象。

然而，这样的控诉并不能解决问题，反而让矛盾和愤怒情绪一点点累积起来。很多时候我们说这些话并不是出于恶意，而是不知道怎么表达我们的情绪，才会用这种简单粗暴且直接的方式。

第三个沟通障碍就是"代间沟通"。

相信大家对这点都不陌生，也就是长辈和晚辈沟通的时候，常因文化和价值观不同产生沟通障碍。这一点很容易被我们忽略，因为我们没经历过父母的时代，有时候很难真正理解父母教育的逻辑。

有一本很不错的育儿书《爱、金钱和孩子：育儿经济学》（Love, Money & Parenting），从经济学的角度来解释育儿行为。作者在书中说道，我们的父母生活在比较动荡的年代，为了保证家里的孩子都健康安全，不擅自冒险，日后能继承家业，家庭教育以权威式教养方式为主，也就是家长拥有至高无上的权利，专制地安排孩子的生活，并且不接受质疑。这也会让我们的父母或多或少继承了这样的思想或育儿思维，倾向用居高临下的态度去面对自己的子女，对于儿女的情感需求也不是非常敏感。而我们是在较开放的时代中长大的，向往独立生活和自由成长，所以我们的三观（人生观、世界观和价值观）和父母之间会有很多冲突。

三种常见的沟通障碍

1. 没有倾听

走神,打断别人的发言。

解决方法:给予简单回应,鼓励继续表达。

2. 控诉式表达

缺乏同理心,都是你的错。

解决方法:多一点真诚的关心,少一点自私的评价。

3. 代间沟通

认为自己的价值观才是正确的,否定别人的价值观。

解决方法:提醒自己,彼此的差异是价值观造成的,对事不对人。

心理学小科普

随着人们寿命延长,成年子女与父母的沟通,成为一个日趋重要的议题。但是,成年子女会买书、找资料来协助自己育儿,却不会设法解决和中老年父母的沟通问题。中老年的父母,也鲜少会想办法改善与子女之间的沟通。

《康健》杂志前社长李瑟曾在一篇专栏文章《别怪年轻人玻璃心,我们展现温柔吧》中写了一段文字:"温柔,显然不只是语气温柔,更重要的是在乎对方的感受,护卫对方,是一种成熟。"我觉得这是非常好的一个提醒,无论是父母还是子女都该把它当作准则。如果大家都多展现一点温柔,少一些苛责,我们的社会一定会更和谐。

前面所介绍的三个沟通障碍,简单总结就是:说话的时候没认真听;因为控诉式表达出现摩擦;因为代间沟通不能理解彼此的心理需求。想想看,你在和家人日常沟通时,是不是经常因为这些状况,在沟通上出现问题。

要想顺畅沟通,和家人有良好的沟通方式,应该怎么做才好呢?下面我会结合这三点常见的沟通障碍,以及生活中的日常案例,提供两大沟通原则给大家参考。

把尊重放在首位

第一个原则,无论是跟老人沟通还是和孩子讲话,永远要把尊重放在首位。

面对陌生人或者朋友,我们往往能够做到尊重;但和最亲的家人在一起时,却常因为关系太亲近,就不容易做到尊重。我们总是"以爱为名"绑架对方,甚至伤害对方。想说什么,一张嘴话就说出来了,并不清楚这些话背后会给对方带来什么心理上的影响;想做什么,常常也就自作主张先做了。尊重是把对方看成一个独立的个体,"以他的需要为出发点",真正理解并为他考虑。

以和老人沟通为例，当父母因为年龄和社会脱节，对很多社会上的新鲜事情不了解时，你会如何跟他沟通，是否会觉得他们是老古董，跟他们说不明白；还是敷衍了事，不再和他们继续沟通？想想自己上次教妈妈在手机上下单时，你有没有说过"这么简单，你居然还不会""怎么都讲过好几次了，你还是搞错"这样的话呢？而且，我们也很容易把一些对父母的负面情绪，施加在和他们的互动上，很容易就忘记要尊重他们。

在和孩子沟通时，我们常常更难做到尊重。因为我们总会觉得孩子还小，不懂事，所以就会把自己的想法强加在他们身上。

举个我和家里老二的例子。他在5岁的时候，有一次悄悄地躲在厨房里，把面粉和水弄得整个地板上都是，我看到之后很生气地质问他，为什么要在厨房里面捣乱。老二拿出手中还没捏好的面团说："爸爸，明天是父亲节,我想送你一块小熊饼干。"听完之后,我觉得很羞愧,没有问清楚原因就对他发脾气。

先讲情再谈理

说完第一个原则尊重之后,我们再来看看第二个原则,就是先讲情再谈理。

有时候我们和家人沟通时,是没有道理可讲的。因为道理和亲情放在一起,永远是亲情大于道理。为了避免出现前面提到的"控诉式表达",下次不管你是和老人沟通还是跟小孩讲话,请尝试用"我"开头的句式,加上自己的感受,先表达你对他们的关心,也就是先讲情,然后再讲理,就会减少沟通中的矛盾和争吵。

再举个例子,比如你在自己爸妈的房子里安装了一个烟雾警报器,你如果像这样跟老人家说:"妈,你上次忘了关火,差点把房子烧了,我买这个警报器把它装起来。"妈妈听了会觉得你是在责备她,怪她老了,能力变差了,而没有感受到你的关心。

如果换个表达方式,先表达自己对母亲的关心,然后再说明这么做的原因,如你可以对已年长的妈妈说:"妈,我担心你忘记关火时没人提醒,就买了这个智慧烟雾警报器,是我朋友推荐的,她父母家里也装了,挺好用的,我们可以试用一下。"这样就会让妈妈感到温暖和体贴,也会更加乐意接受你的建议。

和小孩沟通也是一样,先讲情再谈理。比如你怕孩子衣服穿少了会着凉,所以要求孩子出门时多加一件衣服。如果你直接说:"小宝,去加件衣服,不然不可以出去玩。"孩子听到的是你的命令和惩罚,而不会感受到你的关心,你可以说,"小宝,我担心你会生病,到时候就没办法出去玩了。所以要出门前,记得多加一件衣服。"他可能就会乖乖听你的话去穿衣服了。

小总结

你或许觉得和老人、小孩沟通很困难,其实只要我们能主动去识别沟通上的一些障碍,把尊重和感情放在首位,真诚地和对方沟通,可能事情并没有你想得那么严重。我相信在我们的改变中,我们可以向长辈或者孩子示范更顺畅的沟通方式。

想一想

回想一个和父母或者孩子之间失败的沟通经验,套用在上面学到的方法中,你觉得自己会做哪些调整呢?

Section 28

成年人的友谊应该如何维系?

你在脸书、LINE 或是 Instgram 上的好友有多少个?在这些人当中,会和你经常联系的人又有多少?除了家人和工作伙伴之外,那些跟你一起长大的同学,一起玩耍的朋友,还有哪些仍保持联系?

你是否和我有同样的感受,那些曾经和你一起哭过、笑过的朋友,不知道从什么时候起,渐渐断了联系。网络上曾流行这么一段话:"相互加 LINE 的就算认识,一年能打几个电话就算至交,如果有人愿意雨天和你吃饭,可以说是生死之交了。"这听起来有些幽默戏谑,但也非常真实贴切。

人正因为害怕孤独,所以才会结交朋友。但是,什么样的朋友值得用心结交?为什么有些朋友走着走着,就走丢了呢?我们应该如何维系友谊呢?下面我们就来聊聊友谊这个题目。

生活中不可或缺的朋友

先来回答第一个问题,什么样的朋友值得用心结交。

汤姆·雷斯(Tom Rath)是美国一位畅销书作者,他在《人生一定要有的八个朋友》(*Vital Friends: The People You Can't Afford to Live Without*)这本书中,提到我们在生活中有8种不可或缺的朋友角色,包括:推手(builder)、支柱(champion)、同好(collaborator)、伙伴(companion)、中介(connector)、开心果(energizer)、开路者(mind opener)、导师(navigator)。我将这8种角色做了总结和归类,大概可以分为四种类型:

(1)"陪伴型"的朋友

这种类型的朋友对你的喜欢是无条件的,而且真心希望你好,你可以用"支柱"、"闺蜜"或"兄弟"来形容他们。他们总是会表扬你,相信你说的话,还为你撑腰。比如你在骂老板时,他们也会陪着你一起骂;你辞职的时候,他们会为你鼓掌。当你在生活中碰到大事,你会第一个想到要告诉他们。

(2)"合作型"的朋友

这种类型的朋友和你有很多相似的经历和兴趣,也会有类似的人生目标或者职业目标。比如你们曾经是同事,负责的业务有相似之处,你们对于这个行业的见解也很相似,而且职业规划也都差不多,当你们在交流时就会有很多共鸣的地方,也能互相帮助完成一个任务。

四种不可或缺的朋友类型

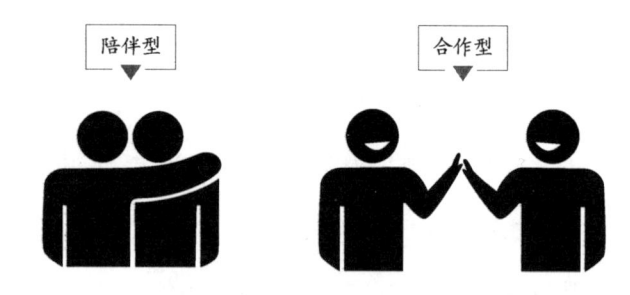

陪伴型
无条件支持你,总是站在你身边。

合作型
见解相似,适合为共同目标努力。

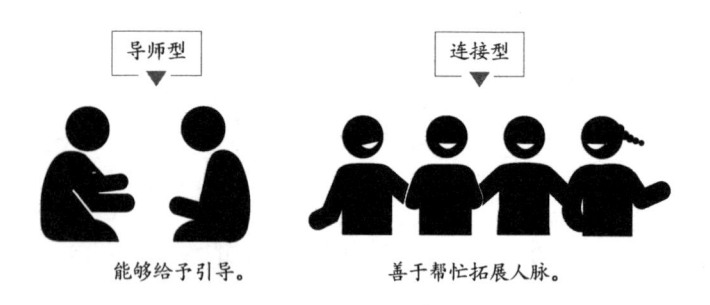

导师型
能够给予引导。

连接型
善于帮忙拓展人脉。

（3）"导师型"的朋友

这种类型的朋友一般都能帮你开拓思维,或者带你走出困境。有时你在工作或生活上遇到一些想不通的问题,去找他们聊一聊,他们都能和你一起分析现状,为你提供一些指导建议。

（4)"连接型"的朋友

这种类型的朋友是你拓展人脉的桥梁，你和他们认识之后，他们会把你介绍给其他人。这类朋友一般都非常热情、积极、幽默，人脉也比较广，会经常组织饭局或者聚会让大家互相认识。我在读书的时候，就有这样的朋友，他们会发起一些活动，让你有机会认识同乡或者同科系的学长学姐。

分析完陪伴型、合作型、导师型、连接型这四类朋友，想想看，你身边有哪些朋友符合这些类型？那些一直陪伴在你身边，和你兴趣一致，能带给你一些启发，能帮你向外拓展人脉圈子的朋友，多吗？

其实有些朋友可能是复合型的，同时扮演两种或更多的角色。比如有的朋友和你兴趣一致，还总能给你启发和指导。如果你身边有像这样的朋友，请一定要好好珍惜，因为这种一辈子的知心好友真的不太多，大多数你朋友圈里的好友，可能只是一面之缘，或者点赞之交。

当与朋友走上分歧路……

回答完第一个问题,我们需要什么样的朋友之后,我们再来谈第二个问题,为什么有些曾经和我们非常亲密的朋友会渐行渐远,关系变淡了呢?是什么影响了我们的友谊?

说到这里,我们先来看看,友情在不同生命阶段的特点。

青春期是一个很重要的分野点。在青春期之前,我们虽然会有朋友,但人际关系仍是以家人为主。伴随着青春期的更强烈的自我意识的觉醒,你开始想要脱离家庭的束缚,友谊在人际关系中扮演的角色日趋重要。

成年之后,家人之间的关系有很大的可能,会不及你和朋友之间的关系。这也是很合理的,未成年的你,可能因为求学或工作,远离了原本的家,与家人的关系很自然地会变淡。

结婚生子后，又是另一个分野。在结婚前，和朋友之间的人际关系是比较重要的；但是在结婚，特别是生了孩子后，生活重心又从朋友转回到家人，不过不是你以前的原生家庭，而是你自己建立的家庭关系。

你看，正因为友谊在人生的不同阶段，有着不同的变化，所以你和朋友之间的距离也在发生变化。

有些人，你和他们仍保持着频繁的互动，深度参与到彼此的生命状态中。但和有些人的友谊，则慢慢处于休眠状态，你们心中仍把对方当作朋友，平时却不怎么联系互动。在这样的动态变化中，你好像和大多数人走散了，朋友越来越少，同时你和某个人的关系却越来越稳固，成为你为数不多但异常珍惜的好朋友，尽管平淡，友谊却更加稳定。

既然我们已经明白友谊是如何变迁的，在面对这种情况时，我们是否应该做出努力维护友谊呢？下面就教大家两个原则。

运用容器理论，和知己走得更远

第一个原则是运用容器理论，跟与你交心的亲密朋友走得更远。

什么叫作"容器理论"？这个名词，来自澳大利亚一位社会创新专家莱恩·哈伯德（Ryan Hubbard），他是致力于提升人的归属感的社会企业 Kitestring（现为 Hinterland 顾问公司其中一项服务）的创始人。哈伯德通过他丰富的实务经验，提出四种让友谊变得更加亲密的方法，容器理论正是其中一个。

它的意思是说，当你把朋友放在固定的容器里，会更容易维持你们的友情。这个容器指的是"定期共同做一些事情"。比如一起去旅行，一起去看展，或是一起去做一些从来没有经历过的事情。这些属于你们之间的共同经历，就像水一样，汇集在这个容器中，让你们的关系越来越默契。

心理学小科普

莱恩·哈伯德是一位澳大利亚的创业家,在他自己的领英(LinkedIn)介绍上,他写着:"我相信那些可以彰显严谨与心意的任务。"(I believe in work that honors both rigor and heart.)从他的经历中,确实可以发现他就是依着这样的信念在做事情的人。

在奥斯丁设计中心接受了相关训练后,哈伯德加入了澳大利亚社会创新中心(the Australian Centre for Social Innovation),协助社会上的组织推动一些创新改变的方案。他在2017年创立了一个叫Hinterland的工作室,这个工作室的主旨是要创造归属感,而且不止于人类,还包括人与大自然之间的关系。其中人际关系的部分,隶属于一个名为Kitestring的社会企业,他们开设课程协助想要修复关系的朋友,也协助社区建立民众间的归属感。

在一项纵向研究中,研究者曾根据朋友间猜词游戏的表现，成功预测了友情的未来亲密程度，结果发现默契度越高，他们未来的友情亲密度也就越好。

当你和朋友因为一些事情，例如彼此离得越来越远，或者结婚生子，能给对方的时间越来越少，建议你主动将容器升级，让你们的友谊继续保持下去。这里的升级指的是"增加容器的稳固性"。即使你们不能经常见面，还是可以时常互动，述说彼此的近况，有哪些变化或者感受，这些深度沟通都有助于维护一段友情。

我有一位作家朋友，尽管我们平时见面也不多，但两人关系特别好。他经常会发邮件跟我分享最近看过哪些书，有什么新的思考，我也会认真地回信。这种深度交流和沟通，让我们的友谊延续了十多年，我相信未来也一定会继续下去。现今互联网的发展，让交流变得更快捷也更方便，这给我们的友谊发展提供了便利条件。你可以经常跟朋友打视频电话，或者分享一些你在网络上看到的优质文章，都有助于你们参与到彼此的生活当中。

不执着,好好跟朋友说再见

说完第一个原则,我们再来看看第二个原则。那就是不执着,跟下车的朋友好好说再见。

生命终归是一场孤独的旅行,在这趟旅行的列车上,随时有人上车,也有人中途下车。我们无法勉强曾经和你发生过交集的朋友,能一直陪你前行。比如你每换一份工作,和以前那些朝夕相处的同事就会渐渐疏离;而每换一座城市,就意味着大部分友谊的终结。

虽然心有怀念和不舍,也不能硬拽着对方和你一起上路。每每到了分岔口,当有朋友要下车远行时,那就温柔道别,好好说再见。就像作家余华《在细雨中呼喊》中所写的那样:"我不再装模作样地拥有很多朋友,而是回到了孤单之中,以真正的我开始了独自的生活。"

随着年龄的增长，到最后你会发现相交莫强求，因为人一生中不需要太多朋友，三两知己足矣。至于那些渐行渐远的朋友，把那份情谊和美好，珍藏在心中就好。

小总结

在成长的路上，交朋友并不难，难的是维持友谊。有时候，友谊就像一场无法重播的绝版电影，走散了就很难再回来。在这种情况下，认清哪些是值得深交的朋友，用心维护。对于那些在中途下车的朋友，挥手说再见。因为朋友需要的不是数量，而是品质与默契。

想一想

看完之后，你想起了哪位朋友？你有什么话想要对他说？

Section 29

如何在社会比较中优雅胜出?

有位学生最近跟我讲了她的失恋经历。

她说两人刚分手时,她比以前更频繁地浏览前男友的朋友圈,目的只是要确认谁是分手的赢家,谁过得更幸福一些。她天天盯着手机,从前男友朋友圈的蛛丝马迹判断,他什么时候开始了新恋情,生活过得怎么样,然后加倍在朋友圈里晒自己的新生活,比如自己减肥多少公斤,又去哪里旅行了,等等。她把精致的修图照片发到朋友圈,等着收获一大波赞。

"你觉得自己赢了吗?"我听完后,笑着问她。

她不好意思地摇摇头，笑着说："现在想想我好傻，那段时间也不知道为什么，总想证明自己离开他照样能过得很好，大脑中好像有一个灵敏的比较器，时时刻刻拿自己和他做比较。"

大脑里面的比较器

在你的大脑中，是否也有一个这样的比较器？看到朋友圈中哪个人又出国玩了，或者又在高调秀恩爱时，是否会忍不住拿自己跟他比一比？

为什么我们总会忍不住和周围的人比较，这又会给我们带来什么影响？如何才能不被他人影响，拥有属于自己的稳稳的幸福？

其实在人际交往中，比较无处不在。想想我们从小到大，一直都被别人拿来做比较：学龄前，父母比谁家孩子比较早开始走路、开口说话；念书之后，换成比较谁的成绩好；踏入职场后，又开始比较谁的薪资高、单位好。当你以为自己退休后就可以功成身退时，大家又开始比谁的身体好、谁的子女孝顺了。

这种现象，被心理学家利昂·费斯汀格（Leon Festinger）称为"社会比较"（social comparison）。意思是，人都有评价自我、了解自我的需要，比如你想知道自己到底算不算成功，能力怎么样，在缺乏客观评价标准时，就会通过和他人的比较来评价自我。比方说，你不知道自己的收入算不算高薪，通过和同龄人的比较，就大概能够了解自己的薪资高不高，赚钱的能力怎么样。一般来说，社会比较通常分为两种情况。

（1）上行比较：第一种情况是比较的对象比你强。这时如果你的思维是"我远远比不上他"，那么你就会感到失望和沮丧。如果你的思维是"他那么优秀，我也可以向他看齐，继续努力"，你心中就会充满希望。

（2）下行比较：第二种情况是你的比较对象不如你。这种比较也因为你看待问题的角度不同，产生截然相反的结果。当你觉得"没想到我混得还不错,比大多数人好",那么你就会感到开心。如果你觉得"虽然我现在还不是那么悲惨,未来是不是也会像他一样惨",你心里就会有些担忧,情绪低落。

心理学小科普

利昂·费斯汀格是知名的社会心理学家,他最著名的理论除了社会比较理论之外,还有认知失调(cognitive dissonance)。认知失调并不是单纯的口是心非,而是因为某种原因,一个人转变对某件事情的喜好的一个现象。比如你会说服自己:"如果我不是那么喜欢这件事情,怎么可能会为了这么少的报酬而做这件事情呢?"这个理论也是以比较为根基,只是并非跟其他人比,而是和自己在做不同事情时的情境比较。这个做法现在还经常被使用,只要付出与获得不成比例,你都会自己去合理化这个行为,认知失调的现象也就发生了。

所以，不管你是有意还是无意，社会比较总会给人带来深刻的心理影响。这在心理学实验中也得到了验证。有一个来自瑞典哥德堡大学（University of Gothenburg）的研究，他们请参与者提供家庭收入的数据，并且评定自己家庭的收入是跟多数人差不多、更差还是更好。接着，研究者会打电话询问他们是否会购买一些商品。

结果研究发现，当参与者觉得自己的收入比其他人低的时候（而非实际收入比较低），他们会购入比较少的非生活必需品，而且觉得受到大环境经济面的影响的概率比较。不过，在生活必需品的部分，实际收入会对消费产生影响，自我评定的收入高低不会影响消费。

既然社会比较无处不在，又给我们心理上带来一定的冲击。我们应该怎么做呢？不去比较行不行？怎样才能不被比较影响呢？

不和他人比，自己和自己比

第一种方法是，将注意力放在自己身上，不和他人比，自己和自己比。

有一句俗语是"人外有人，天外有天"。比你更有钱、更聪明、更有能力的人总是大有人在。如果你的幸福和快乐，总是建立在他人身上，那么你永远都会被别人牵着鼻子走。你的期望在比较中被不断放大，哪怕你每天出入都开宝马，住在大平米数的豪宅里面，你也不一定感到满意。因为你所住的街道，其他人都是独栋别墅，房子比你的大两倍，而且门口停着玛莎拉蒂和法拉利，相比之下，你可能会觉得自己实在是微不足道。

所以，向外比较永远没有尽头，只有越来越大的期望值和不如意。试着掌控你的注意力，把目光拉回到自己身上，咱们自己和自己比。

跟一天前的我，一个月前的我，一年前的我做比较，我现在赚的钱比过去多了还是少了，我的生活更幸福了还是更糟糕了。用这样的比较方式，来判断自己的处境是否在往好的方向发展，情绪才不会总是被牵着走。

我这样说，不是在熬鸡汤，让大家佛系认命，而是希望我们每个人在认识自我时，能够建立一个正确的坐标"系"。不要再盲目地拿自己和他人做比较，觉得比别人强就沾沾自喜，比别人差就垂头丧气，这对具体的改进没有一点实质帮助。更重要的是，在自己的系统里纵向对比，今天的自己是否比昨天更进步，今年的自己是否比去年更进步，曾经的缺点是否已经改变，这样才能不被外界的评价干扰，真正客观地去看待自己，也才有可能取得真正的自信和成熟。

重新看待比较

如果说第一种方法中的自己和自己比，是让你把目光从他人身上收回到自己身上，那么第二种方法就是教你重新看待比较，真正懂得快乐并不取决于你缺少什么,而在于你已经拥有了什么。

想想看,你已经拥有了什么?健康的身体,相对体面的工作,这些都是生命莫大的馈赠。当你能够时时观照自己的生活,留意生活中的"小确幸",即使是雨后照进房间的阳光、陌生人的微笑,不也会让人心情舒畅吗?

所以,你可以在日常生活中多观察和记录生活中的"小确幸",试着写感恩日记,记录每周让你感动或者你帮助过别人的事情。有研究显示,那些写下感恩日记的人会对生活更加满意,对未来持有更乐观的态度。当你对自己越自信笃定,也就不容易被社会比较影响。

小总结

美国总统罗斯福曾经说过:"攀比之心是夺走快乐的强盗。"在社会比较无处不在的今天,最优雅的胜出方式就是"不去比较",与其盯着自己没有的,不如把注意力放在自己已经拥有的事物上。因为,你的幸福与他人无关。

想一想

回头看自己过去很在意的比较,有没有哪一个是你现在看起来很荒谬的,你会给过去的自己什么样的建议呢?

"感恩日记"格式范例

我是 _____,

我很高兴今天发生了 _____。

因为 _____,

我因此有了这样的收获。

我要特别谢谢 _____,

因为 _____,

我想要为他做 _____,

拥有 _____ 是一件很幸福的事。

因为 _____，

所以我要跟其他人分享。

温馨提醒：你感恩的事情不一定都是好的，也可能是一些当下你认为不好的事情。比如你很感恩有路人不小心撞到了你，让你必须回家换衣服，所以晚了半个小时才去上班，因此避开了可能发生的交通事故（因为你预计搭乘的车撞上掉落在轨道上的异物）。

Section 30

学会跟自己好好相处

在关系焦虑这个部分,我们已经在前面几堂课中讨论过和伴侣、家人、朋友等社会关系相处的方法。其实,学习了那么多与人相处的方法,还有一种最根本、最重要的关系,却常常被我们忽视,那就是如何与自己相处。

说到如何与自己相处,你可能会问:"跟自己相处有什么难的?"在回答这个问题之前,我想先请你看一个心理学实验。

假如你作为受试者,被邀请参加一个实验:

在实验的第一个阶段，你会体验到不同的刺激，有一些刺激会让你感到愉悦，而另一些刺激则会让你感到不舒服，比如被电击。

在实验的第二个阶段，你被要求进入一个空的房间，独自待上 10~20 分钟。在这段时间内，你可以发发呆、做做白日梦，随意想任何事情，也可以随意体验之前体验过的刺激，包含电击。（那么，在这段时间内，你会做什么？你会电击自己吗？我想大部分人都不会，对吧？哪有人会傻到为了打发时间而电击自己的）

我要告诉大家，刚刚我描述的是一个真实的实验，这是美国弗吉尼亚大学的提摩西·威尔森（Timothy Wilson）教授在 2014 年于《科学》（Science）杂志所发表的研究。他们发现，尽管很多人表示电击太疼了，但仍有 1/4 的女性和 2/3 的男性表示自己至少电击了自己 1 次。还有一名受试者甚至在短短的 15 分钟内就电击了自己 190 次。

心理学小科普

人在无聊的时候,真的会宁愿电击自己,也不愿意做别的事情吗?这个研究听起来很不合理,但这是社会心理学家提摩西·威尔森的团队所做的研究,他们做了11个相关的实验,并将结果发表在学术界数一数二的《科学》期刊中,所以可信度应该是相当高的。

威尔森教授长年研究潜意识对人们决策、问题解决的影响,这个研究的结果,某种程度上也反映了人的思绪是需要被占据的,当意识层面没有被占据的时候,潜意识就有可能做出一些奇怪的事情,如电击自己,让自己有疼痛的感受。他后续也有一个研究,结果表明如果没有特别引导人们联想会让自己快乐的事情,人们即使可以自由联想任何事情,也不会去想这些让自己感到快乐的事情,这也说明了人的思绪真的有点特别。

你是不是觉得很惊讶呢?为什么大家如此讨厌什么都不做,静静地和自己待在一起,甚至宁愿做一些让自己痛苦的事,也要逃避和自我相处呢?

跟自己玩难道不美吗?

但是,再回过头来想,我们有时候明明能够感受到一个人的逍遥自在,看看书、品品茶、发发呆,简直不能再惬意了。为什么独处的时候,有的人无法忍受孤独,有的人却又清净自在呢?怎样才能做到高质量独处,享受孤独呢?

在深入探讨之前,我们先来厘清"独处和孤独"这两个概念,也就是说独处和孤独有什么区别,独处就一定会感觉孤独吗?

目前心理学界对于什么是"独处"还没有统一的定义,但基本都认为,独处的主要特征是"你和外界没有互动和沟通,就像有个巨大的玻璃罩子把你单独罩住,使你和其他人分割开来,你的意识和思想也与他人无关,沉浸在一个人的世界之中"。

这种状态可以是你独自一人，也可能发生在群体当中。比如你参加一个派对，很多人在你面前走来走去，攀谈交流，而你独自一人躲在角落里，和大家隔离开来，这也是独处。

不过，有的时候你是自己想要独处，有的时候是被迫独处，这两者对于你会产生不同的影响。当你是自己想要独处时，你的经验会相对正面；但如果你是被迫独处，那么你的经验会是比较负面的，甚至有可能导致忧郁的状况。

由此，你也能感觉出独处和孤独的区别：独处是一种客观的状态，而孤独是独处的情绪体验成分之一。

为什么我会强调情绪体验之一？因为当你被迫独处或者非自愿独处时，你所体验到的情绪才与孤独类似，你感觉很寂寞，很无聊，需要找人来陪，或者找些事做打发时间。当你是自愿选择独处时，虽然你好像处于社交孤立的状态，但你并不会感到孤独，反而非常满足惬意，这时的独处非但不会引发孤独感，还会成为你追求的状态。

如生物学家达尔文（Charles Robert Darwin）就是一个特别喜欢独处的人。他每天都会独自在书房里待 6 小时，然后独自一人在小树林里散步。这些独处时光，非常有助于达尔文对世界的思考，而基于这些思考，他完成了伟大的《物种起源》(On the Origin of Species)。

所以，独处并不一定会让人感觉到孤独，关键在于如何让你的建设性独处更有质量，让你的非自愿性独处没有那么孤独。针对这两种情况，下面介绍两种比较具体的做法，供大家参考。

做好规划，营造高质量的独处时光

"建设性独处"是一种自愿性的独处方式。我们要做好规划，为自己营造高质量的独处时光。

或许我们都有过这样的经验，一个人的时候特别容易放飞自我，总是怎么舒服怎么来，用食物和娱乐来填补空虚寂寞。但等时间虚度之后，又会自责不已，觉得自己过得很荒废，然后陷入更深的孤寂之中。这就是低质量的独处，也就是你尽管一个人待着，却因为害怕寂寞，并没有跟自己在一起，而是用其他偷懒的方式填补时间，自始至终你都没和自己对话，也没有认真倾听自己。

那么什么才是高质量的独处呢？

简单来说，就是要能够和自己进行真诚的交流，不要害怕面对自己最真实的样貌。你可以想象要跟一位很要好但好久没见面的朋友相聚，你一定会特别选一个你很喜欢的地点，和他共度一段不受干扰的时光。你也一定会想知道他过得好不好，想聊一聊彼此的共同回忆以及对于未来的规划，等等。只是，这个朋友不是别人，而是你自己，那个你在忙碌的生活中，已经逐渐遗忘的自己。

为了营造这种高质量的独处时光，我们应该怎么做呢？

制造"好的独处体验"

试着给自己制造一些"好的独处体验",然后通过不断练习,逐渐获得独处的能力。比如冥想、一个人散步,或独自在咖啡馆里静静品尝一杯咖啡的味道,什么事也不做。当你什么都不做的时候,你只和自己的思绪待在一起,这些冒出来又沉下去、断断续续的思绪和念头,带领你在时空中穿梭,让你想起过去的人和事,幻想未来的种种可能,这时的你是自由的。或许从功利的角度来说,你这样做什么收获也没有,却获得了心灵上的宁静与平和,这是最美的时刻。

设置任务计划

此外,还可以设置一些计划,让自己有准备地进入孤独状态。比如完成某个写作任务,或是跑步、早起看一次日出,或者为自己做一顿丰盛的晚餐。这些清晰的任务可以帮助你保持自律,对抗孤独中的失控感,不至于因为无所事事陷入空虚之中。

拥抱孤独,和自己谈一场恋爱

我们再来看第二种情况"非自愿性独处",也就是被迫需要一个人独处,让你时刻感觉孤独。像这种时候应该怎么办呢?

在经典小说《简·爱》(Jane Eyre)中,女主角说过一句话:"我越是孤独,越是没有朋友,越是没有支持,我就得越尊重我自己(The more solitary, the more friendless, the more unsustained I am, the more I will respect myself)。"我觉得这句话说得很好,当我们被迫独处的时候,我们更要提醒自己,要做到尊重自我。

那么要怎么做才能尊重自己呢?我认为就是和自己谈一场恋爱。想想看,当你爱上一个人的时候,你满脑子想的都是要和这个人做什么事情,这个人喜欢什么、不喜欢什么。你可以用同样的方式,跟自己谈一场恋爱。

比如你把"自己"当成恋爱的对象,想一下他的爱好是什么，你可以为他准备什么惊喜，你可以如何取悦他，陪他一起做什么美好而又有趣的事情。当你这样转换角色去思考之后，你就会有动机想要尝试和体验不同的事物，也就会让你的独处时光变得更加美好。

此外，当我们处于恋爱状态中时，往往都会特别关心另一半的心情和状态，满心想着："他今天高兴吗？""他有什么心事？"当你和自己谈恋爱时，也可以同等细心地观察自己，了解自己的情绪和状态，适时宽慰自己，转换心情，让自己和自己相处的每一刻，都充满喜悦。

当你可以和自己这样对话，慢慢地储蓄一种情感时，你便不再孤独，生命也会变得更加富有，更加圆满。

小总结

最后我想提醒的是，独处是一种能力，需要慢慢培养。如果你真的觉得一个人很孤独，甚至无法承受这种孤独感，记住不要强迫自己，适时放弃，去寻求朋友的陪伴，这也是一种应对孤独的方式。

庄子说："独有之人，是谓至贵。"这里的"独有"，指的就是独立自在，自我和谐，自我完善，也就是懂得如何与自己相处。一个不会与自己相处的人，往往也不会和他人相处。独处是一种能力，需要我们在生活中多加练习。

想一想

你有过好的独处经验吗？请回忆一下这是一个怎样的经验。

后 记

告别焦虑，迎向幸福

黄扬名

在别人的眼中，我算是个幸福的人，因为他们看到我一路顺利走来，家庭事业都看起来圆满。我不否认自己是一个幸福的人，但是我切入的观点不太一样。

为什么会这样说呢？因为对我来说，幸福不应该是由外在的事物所带来的，而是来自你内心的一种状态。这种状态是一种满足于现状，不用担心自己还缺什么，有什么事情做得还不够好。

我之所以会成为这个样子，有很大一部分是受到家庭的影响，我的父亲是个思想单纯的人，他是一位杰出的研究人员，工作上的表现非常杰出。除了工作之外，他实在没什么喜好，顶多就是去买鱼和买水果分享给大家。是的，分享给"大家"，因为他总会买很多，所以外婆、叔叔、阿姨都有份。

在父亲身上，我见证到了，当你可以做你爱的事情，而不用计较到底要得到什么的时候，那就是一种幸福。

父亲后来得了脑瘤，情况一度非常危险，幸好手术后身体复原得还不错。不过，在那个时候，父亲居然不是想着多花些时间陪母亲，而是选择回到工作的岗位上。身为儿子，我当时不能理解，但母亲说："工作是他爱的事情，所以我支持他这样做。"

或许就是在这样的环境下长大，不强求自己一定要得到什么，而是做自己喜欢的事情，造就了我现在的"样貌"。你或许没有同样的成长环境，但这并不表示你就不能幸福，只能过着焦虑的人生。

幸福和焦虑只有一线之隔，关键在于，你自认对于一件事情的掌握程度有多高。

想想看，当你做自己喜欢的事情，你会越来越擅长，也会越来越有自信，幸福也就伴随而来了；但是，当你觉得自己不可能做好，或是觉得自己就算努力也不一定会得到想要的东西时，焦躁不安的心情，自然在所难免。

然而，我也不是一直都觉得自己很幸运，也曾经迷惘、焦虑过，不知道自己究竟会往哪里去。回头想想，上大学的时期，应该是我人生最迷惘的时候了，当时情感关系没处理好，学业也是一团糟。还好那时候没有自我放弃，而是尽可能找到自己喜欢的事物。

在我自己的身上，我深刻体悟到了，不要想太多，要去做，才会发生改变。很多人都在过度焦虑，担心自己会做不好，担心自己会失败，结果裹足不前。只要你尝试了，就算最终失败了，你也会从中获得一些什么。

因为在大学教书，我接触到很多迷惘、焦虑的学生，他们不知道自己喜欢什么，不知道要怎么交到男朋友、女朋友，不知道自己以后怎么养活自己。不仅是大学生焦虑，和我同龄的朋友，不少也因为已届中年，担心自己哪天工作没了怎么办？有工作的，也忧愁着，觉得工作不开心，想要换工作，却又有房贷、车贷、养孩子的经济压力。老年人也有自己的烦恼，担心自己会不会成为女子的负担，烦恼自己的日子过得没有意义。

虽然我很正向积极地认为，不要想太多，去做，就会有所改变。但我也深知，很多人不知道怎么做，即便知道怎么做，多少还是会裹足不前，因为觉得要做出改变很难，与其烦恼要如何做出改变，还不如想办法说服自己安于现状，反正再糟糕也就是那样了。

所以，在这本书中，我尽量把方法具象化，让它们都可以容易操作。希望读者可以真的去实践，为自己的人生做出改变。知道再多的道理，如果没有应用在自己的生活中，就不会对你产生实质的影响。书里面规划的30个小节，或许没有提供那么多的大道理，但我由衷希望这些实用的小方法，可以帮助各位面对生活中各种大大小小的焦虑，让你可以提早告别焦虑，迎向幸福。

图书在版编目（CIP）数据

给这一瞬间正在不安的你 / 黄扬名，张琳琳著. —武汉：武汉大学出版社，2023.7
ISBN 978-7-307-23652-3

Ⅰ.给… Ⅱ.①黄… ②张… Ⅲ.心理学－通俗读物 Ⅳ.B84-49

中国国家版本馆CIP数据核字(2023)第053637号

本书中文繁体字版本由城邦文化事业股份有限公司－商周出版在台湾出版，今授权武汉大学出版社有限责任公司在中国大陆地区出版其中文简体字平装本版本。该出版权受法律保护，未经书面同意，任何机构与个人不得以任何形式进行复制、转载。
　项目合作：锐拓传媒 copyright@rightol.com

责任编辑：周媛媛　　　责任校对：牟　丹　　　版式设计：智凝设计

出版发行：武汉大学出版社　（430072　武昌　珞珈山）
　　　　　（电子邮箱：cbs22@whu.edu.cn　网址：www.wdp.com.cn）
印刷：三河市祥达印刷包装有限公司
开本：787×1092　1/32　　　印张：11　　　字数：140千字
版次：2023年7月第1版　　　2023年7月第1次印刷
ISBN 978-7-307-23652-3　　　定价：49.80元

版权所有，不得翻印；凡购我社的图书，如有质量问题，请与当地图书销售部门联系调换。